Análisis de Empresas de Petróleo y Gas Upstream, Midstream y Downstream

Alfonso Colombano
y Alberto Colombano

Copyright © 2015 Alfonso Colombano.

Todos los derechos reservados. Ninguna parte de este libro puede ser reproducida, almacenada en sistemas de recuperación o transcrito en cualquier forma o por cualquier medio, electrónico o mecánico, incluyendo el fotocopiado y la grabación, sin la previa autorización por escrito de Alfonso Colombano.

Varios capítulos adaptados del libro "Oil & Gas Company Analysis: Upstream, Midstream & Downstream" publicado en los Estados Unidos de América por Alfonso Colombano. Todos los derechos reservados.

Compilación, autoría, edición y compaginación por Alfonso Colombano

Traducción: Alfonso Colombano, Alberto Colombano y Sonia Gonzalez

Edición: Alfonso Colombano, Alfredo Colombano y Sonia Gonzalez

Self-published por Alfonso Colombano

Todos los nombres de empresas, marcas, lemas y slogans son propiedad de sus respectivos dueños y son utilizados en el libro con fines de referencia.

ISBN-13: 978-1515241539

ISBN-10: 151524153X

Printed by CreateSpace, An Amazon.com Company

www.elpetroleoygas.com

Aviso Legal

Toda los datos y cifras mencionados en este libro han sido citados y referenciados de publicaciones **disponibles al público**, tales como los reportes 10-K, 20-F, reportes anuales, páginas de internet, artículos de noticias, reportes de empresas y comunicados de prensa. Se recomienda al lector que confirme la veracidad comprobando las referencias citadas.

Las recomendaciones, consejos, análisis, descripciones, métodos y cálculos presentados en este libro son exclusivamente con fines educativos e ilustrativos. El autor, Alfonso Colombano, no será responsable por cualquier pérdida de inversiones o cualquier daño o perjuicio que resulte al usar cualquier material de este libro.

Este libro es sólo para fines informativos y no constituye una oferta de venta, una solicitud de compra, o una recomendación de ningún valor bursátil, como tampoco constituye una oferta para proporcionar asesoría de inversión u otros servicios por el autor de este libro. Ninguna mención o referencia de una acción, empresa o bono constituye una recomendación de compra, venta o mantener esa valor u otro valor.

A pesar del extenso esfuerzo que se ha tomado en la preparación de este libro, el autor no asume responsabilidad por errores u omisiones. El autor se disculpa de antemano por cualquier error que pueda ser encontrado en este libro. Si usted encuentra un error u omisión, por favor hágamelo saber a la dirección siguiente: libro@elpetroleoygas.com

Alfonso Colombano no será responsables por cual daño, indirecto, consecuente o incidental por pérdidas de ganancias, pérdida de ingresos o cualquier otra pérdida que surja en relación con este libro o la información aquí contenida.

Índice de Contenidos

Índice de Contenidos 5
Alfonso Colombano - Autor 9
Alberto Colombano – Co-Autor 11
Agradecimientos 13
Prefacio 15
Capítulo 1 – Introducción 17
    ¿A quién va dirigido este libro? 18
    Lo que los lectores aprenderán de este libro 19
    ¿Por qué este libro? 19
    ¿Qué es upstream, midstream y downstream? 20
    ¿Qué es el petróleo? 20
    ¿Qué es el gas natural? 29
    ¿Qué son los líquidos de gas natural? 33
    Sectores en la Industria Petrolera 34
    Empresas Petroleras en el Sector 36
    Unidades y Conversiones 39
    Suministro Mundial de Energía 42
    Consumo de Energía Mundial 43
    Indicadores Financieros Generales 46
    Capitalización de Mercado 47
    Ventas Totales Consolidadas 47
    Ganancia o Utilidad Neta Atribuible a la Corporación 48
    Rentabilidad sobre Capital Empleado (RCE/ROCE) 49
    Rentabilidad en Efectivo sobre Capital Empleado (RECE/CROCE) 50
    Rentabilidad sobre el Patrimonio Promedio (RPP/ROE) 50

    Dividendos por Acción 51
    Rentabilidad por Dividendo (RD) 53
    Gastos de Capital (CAPEX) 54
    Flujo de Efectivo por Actividades de Operación (FEAO) 55
    Flujo de Efectivo Libre (FEL) 56
    Porcentaje del FEAO dedicado a Dividendos 57
    Rentabilidad Total del Accionista (RTA) 57
    Ratio de Deuda sobre Patrimonio (RDP) 58
Capítulo 2 – Upstream 61
    Información General de Upstream 62
    Indicadores de Upstream 64
    Producción diaria de hidrocarburos 64
    Ganancia neta por barril 65
    Efectivo generado por barril 66
    Precio promedio obtenido por BPE 66
    Reservas de hidrocarburos - Reservas Probadas 68
    Porcentaje de reservas de hidrocarburos líquidos *versus* las reservas de Gas natural 73
    Capitalización Bursátil dividida por las Reservas Probadas 73
    Reemplazo de Reservas (RR) 74
    Producción diaria en BPE por pozo productivo neto 75
    Perfil Flujo de Efectivo de un activo de Exploración y Producción 76
    Negocio cíclico 79
    ¿Por qué invertir en Upstream? 81
Capítulo 3 – Midstream 83
    Información General sobre Midstream 84
    ¿Qué es un MLP? 84
    Indicadores de Midstream 86
    Margen Bruto Operativo 87

Porcentaje del margen bruto operativo total generado de tarifas fijas 88

Rentabilidad por Dividendo (RD) 89

Flujo de Efectivo Distribuible (FED) 90

Cobertura del Dividendo (CD) 90

Perfil de Flujo de Efectivo de un Activo de Midstream 91

¿Por qué invertir en Midstream? 93

Capítulo 4 – Downstream 95

Información General de Downstream 96

Otros negocios en Downstream 99

Indicadores de Downstream 100

Volúmenes Totales Procesados 100

Ventas Totales de Productos Refinados 101

Capacidad total de Refinación 101

Porcentaje de utilización 102

Porcentaje de Productos para el Transporte 103

Ganancias netas por barril 104

Efectivo generado por barril 105

Crack spread de mercado 106

Crack Spread Obtenido o Efectivo 108

Perfil de Flujo de Efectivo de un Activo de Refinación 109

Negocio Cíclico 112

¿Por qué invertir en downstream? 113

Capítulo 5 - Petróleos Mexicanos (PEMEX) 117

Información General de la Empresa 117

Información de Upstream 117

Información de Downstream 119

Indicadores de la Empresa 122

Reforma Energética de México 123

Capítulo 6 - Petróleos de Venezuela (PDVSA) 125

Información General de la Empresa 125

Información de Upstream 126

Información de Downstream 128

Indicadores Generales de la Empresa 131

Capítulo 7 - Petrobras (PBR, PBR-A) 133

Información General de la Empresa 133

Información de Upstream 134

Información de Downstream 135

Indicadores Generales de la Empresa 138

Indicadores de Upstream 139

Indicadores de Downstream 140

Capítulo 8 - Repsol (REP, REPYY) 141

Información General de la Empresa 141

Información de Upstream 142

Información de Downstream 144

Indicadores Generales de la Empresa 147

Índice Temático 149

Glosario 151

Alfonso Colombano - Autor

Alfonso Colombano ha estudiado cuidadosamente la industria petrolera por más de una década. Es autor del libro *Oil & Gas Company Analysis: Upstream, Midstream & Downstream* (disponible en Amazon.com). Ha trabajado para compañías integradas de petróleo y gas como también para una compañía de refinación de petróleo. En estas empresas, se ha desempeñado como analista financiero y de operaciones en unidades de negocio de exploración y producción, tuberías y refinación y mercadeo. Se graduó de la Universidad de Houston en la cual fue miembro de la Energy Association. Su experticia abarca todos los sectores de la industria del petróleo y gas, incluyendo aguas arriba (upstream), procesamiento y transporte de hidrocarburos (midstream) al igual que el área de aguas abajo (downstream), tales experiencias lo llevaron a idear y escribir este libro. Es un ávido lector de reportes tales como los 10-K, 20-F y otros reportes de la Comisión de Valores de los EE.UU. (U.S. SEC) como también de la lectura y el análisis de estados financieros y otros reportes de compañías a disposición del público inversor.

Tiene experiencia en análisis financiero y operacional de compañías de petróleo y gas, habiendo desarrollado varios modelos financieros para comparar compañías, incluyendo el que fue usado para este libro. Adicionalmente, es un reconocido experto del sistema SAP ERP como también en la industria del gas natural de los EE.UU. En su tiempo libre, le gusta leer libros de la industria petrolera y jugar al golf. Alfonso Colombano puede ser contactado por correo electrónico a la siguiente dirección: alfonso@oilgascompanyanalysis.com

Alberto Colombano – Co-Autor

Alberto Colombano es un profesional en el área de Tecnología y Sistemas Informáticos. Ha estudiado la industria minera y petrolera desde el 2005. También ha estudiado el análisis económico y la política monetaria mundial.

Especialista en el manejo, análisis del entorno financiero económico global, las variables macro y micro económico y su impacto en las diferentes economías del mundo. Una de las industrias que ha analizado individualmente es la petrolera y la minería. Se graduó en la Universidad de Houston Downtown con titulación de grado en *Computer Information Systems* (CIS). Alberto es multilingüe (inglés, español, italiano y alemán).

Al igual que su hermano Alfonso, es un lector constante de reportes tales como los 10-K, 20-F y otros reportes de la Comisión de Valores de los EE.UU. (U.S. SEC) como también la lectura y el análisis de estados financieros y otros reportes de compañías a disposición del público inversor. Alberto puede ser contactado a través de correo electrónico a la siguiente dirección: alberto@oilgascompanyanalysis.com

Agradecimientos

Sin el apoyo y ayuda inconmensurable de mis padres y hermanos, Alfredo, Silvia, Alberto y Alfredo, quienes me alentaron, nunca habría podido haber logrado este extraordinario pero muy grato esfuerzo.

Quisiera expresar mi más sincero agradecimiento a Jim Puplava y a su equipo en www.financialsense.com, quienes despertaron en mí el interés por la industria petrolera desde hace más de una década. Estoy profundamente agradecido a Jim Puplava por su visión y previsión de los cambios que iban a comenzar en la industria del Petróleo y Gas, expresados a través de su podcast y artículos publicados semanalmente en su página web desde el año 2001. Además, quiero expresar mi gratitud a mis buenos amigos de la universidad de Houston, tanto la Escuela de Negocios Bauer como la Asociación de Energía por haber ampliado mi visión sobre la industria y haber invitado a ponentes de alto nivel de Petróleo, Gas y empresas relacionadas con la energía durante la realización de mis estudios en la Universidad de Houston.

Por último, pero no menos importante, mis más sinceros agradecimientos a mis colegas, supervisores, gerentes, personal de operación y mentores en la industria petrolera con los cuales he tenido la suerte, a lo largo de mi carrera, de haber trabajado. Estos grandes colegas y mentores me alentaron, desde el principio, a aprender todo lo referente a dicha industria, la interconexión de los diferentes sectores, la importancia de enfocarse en los conceptos bases y el potencial de la industria, de crecer a largo plazo. He sido muy afortunado, de haber estado rodeado durante toda mi carrera, tanto en la universidad y en el trabajo, con gente sobresaliente, que han influenciado mis pensamientos y me han ayudado enormemente a tener una visión global de la industria petrolera.

Sin la ayuda de todos ustedes, no hubiera podido haber completado esta ardua tarea. ¡Muchas gracias a todos!

Alfonso Colombano
Autor
Houston, Texas, EE.UU.

Noviembre 2015

Prefacio

"Para tener éxito en los negocios, para llegar a la cima, un individuo tiene que saber todo lo que se pueda saber sobre ese negocio." - J. Paul Getty

Estimado lector,

Muchas gracias por elegir este libro. Estoy muy emocionado por la oportunidad de publicar este libro e introducir a los lectores a las diferentes empresas que operan en la industria del petróleo y gas, como también, a sus diversos sectores, upstream, midstream y downstream. Siempre, he sido un optimista de la industria, enfatizando su importancia para la economía mundial, y lo vital que es la energía para nuestra vida diaria. Desde el momento en que nos despertamos, enfriamos o calentamos nuestros hogares, desayunamos o nos dirigimos al trabajo, nuestra vida diaria es substancialmente mejor que unos 100 años atrás gracias a un abundante suministro de energía.

La industria petrolera es multifacética, vibrante y dinámica. Dado que es una industria global, es necesario adoptar un enfoque macro y analizar a las empresas a través de sus operaciones en países y sectores diversos dentro de la propia industria. Sólo piense en los mecanismos logísticos y de precios que nos permiten, cada día, abastecer nuestros vehículos cómodamente con gasolina en la estación de servicio local. Existen muchos eslabones y empresas que participan en la cadena de valor de la energía, y estos participantes son claves en el suministro de hidrocarburos desde el pozo de petróleo hasta la estación de servicio en su vecindario.

Cuando la mayoría de la gente piensa en la industria petrolera, probablemente las primeras empresas que vienen a la mente son la ExxonMobil, Shell o BP. El panorama energético se compone de muchísimas empresas que poseen actividades en upstream, midstream o downstream que no necesariamente tienen una presencia visible al consumidor final, sin embargo, son igualmente esenciales para la cadena de valor de la energía. Imagine que usted le pregunte a alguien ¿Cuáles son las mayores empresas petroleras en el mundo? A menos que esa persona trabaje en la industria petrolera, la probabilidad de que responda PEMEX o PDVSA es bastante pequeña. Estas son exactamente el tipo de empresas que busco exponer al lector. En adición, empresas como Repsol y Petrobras están incluidas en esta versión del libro.

El libro está organizado en 8 capítulos:
- El capítulo 1 ofrece una visión general del petróleo y gas natural como materias primas, así como la industria, escenarios de suministro actual y la demanda de hidrocarburos y prosiguiendo con una explicación detallada de varios indicadores financieros.
- Los capítulos 2, 3 y 4 introducen a los sectores de Upstream, Midstream y Downstream de la industria y explican indicadores operacionales y financieros relevantes a cada sector.
- En los capítulos 5 al 8 se introducen las siguientes 4 compañías tanto de España como de Iberoamérica:
    - Petróleos Mexicanos (PEMEX)
    - Petróleos de Venezuela (PDVSA)
    - Petrobras
    - Repsol

Comencemos este trayecto lleno de aprendizaje sobre distintas empresas y sectores de la industria petrolera.

De nuevo, ¡gracias por seleccionar este libro!

Alfonso Colombano
Autor
Houston, Texas, EE.UU.
Noviembre 2015

Capítulo 1 – Introducción

"No creo que hay ninguna cualidad más esencial al éxito que la perseverancia."
John D. Rockefeller

La industria del petróleo y gas, o simplemente la industria petrolera, es un negocio fascinante y multifacético. Cada día somos beneficiarios de los efectos positivos de los productos derivados del petróleo y gas. Desde encender la luz en una habitación, hasta el desplazamiento diario a nuestros trabajos, hasta el hacer un viaje de una parte del mundo a la otra, la energía enriquece y mejora nuestra vida diaria. El acto de producir un barril o tonelada métrica de petróleo, transportarla a una refinería y de ese proceso, producir gasolina o diésel, implica unos grandes esfuerzos de diversas compañías que participan en esta cadena de valor, tales como los sectores de exploración y producción, transporte, refinación y finalmente comercio y suministro.

¿A quién va dirigido este libro?

Lectores con diversos niveles de conocimiento de la industria pueden beneficiarse de la lectura de este libro. Este libro analiza la importancia de los diferentes sectores de la industria y remarca lo clave que es la interrelación entre cada uno de ellos. Entre algunos de los lectores que podrán beneficiarse de dicha lectura, se encuentran:

- Estudiantes universitarios interesados en la industria de petróleo y gas.
- Analistas financieros que trabajan dentro o fuera de la industria de petróleo y gas, que busquen ampliar su conocimiento del negocio.
- Ingenieros y otras profesiones técnicas, que trabajen en la industria de petróleo y gas en las áreas técnicas, y que deseen ampliar sus conocimientos de negocios y las finanzas.
- Empleados con experiencia en la industria de petróleo y gas que trabajen en un sector, digamos upstream, pero que estén interesados en aprender sobre los otros sectores tales como downstream.
- Analistas o inversores que busquen aprender más sobre la industria petrolera a través de indicadores financieros y operativos.
- Cualquier persona interesada en ampliar sus conocimientos generales sobre la industria petrolera.

Lo que los lectores aprenderán de este libro

Se prevé que los lectores, a través de la lectura de este libro, se beneficiarán en el aprendizaje, como mínimo, de los siguientes temas:

- Aprender sobre la cadena de valor del petróleo y gas.
- Obtener un conocimiento de los diferentes sectores de la industria de petróleo y gas, sus ciclos de negocio, oportunidades y desafíos únicos.
- Entender cómo se calculan los indicadores operativos y financieros tanto para empresas, dentro y fuera de la industria del petróleo y gas, y entender su importancia.
- Conocer más sobre las operaciones e indicadores financieros de PDVSA, PEMEX, Petrobras y Repsol.
- Adquirir conocimientos sobre las áreas operativas de las empresas anteriormente mencionadas.

¿Por qué este libro?

Como una de las industrias más complejas del mundo, este libro ofrece a los lectores una cobertura profunda, de los tipos de empresas que operan en la industria petrolera, es decir upstream, midstream y downstream.

Comencemos esta travesía definiendo qué es upstream, midstream y downstream. Después se define lo que es el petróleo, el gas y los líquidos del gas natural (LGN, en inglés los *natural gas liquids* o NGL), y con estas definiciones se cubren los diferentes sectores y tipos de empresas. Este capítulo, también examina brevemente, el estado actual del suministro y demanda de energía en el mundo. Hacia el final de este capítulo, se introducen varios indicadores financieros. Los indicadores financieros cubiertos en este capítulo pueden ser utilizados para evaluar cualquier tipo de empresa, dentro o fuera de la industria petrolera, así como para entender mejor la administración de negocios.

¿Qué es upstream, midstream y downstream?

Upstream > Midstream > Downstream

La industria petrolera, al igual que cualquier otra industria, es conocida por su amplio uso de acrónimos:

- **Upstream**: también conocido como Exploración y Producción, es la participación en la búsqueda, desarrollo y producción de petróleo y gas.
- **Midstream**: implica el transporte y el procesamiento intermedio del petróleo y gas en su estado natural, como también el transporte de productos derivados de petróleo. Estos derivados son cubiertos más adelante en este capítulo.
- **Downstream**: implica la refinación, comercialización, suministro y venta al por menor de productos refinados del petróleo, tales como gasolina, diésel o gasóleo, combustible o keroseno de aviación, productos petroquímicos y gas natural, para su eventual distribución a clientes industriales, comerciales o al consumidor final.

¿Qué es el petróleo?

El petróleo es un *hidrocarburo*, usualmente referido como *petróleo crudo* en la industria. El petróleo es una *mezcla* de moléculas de hidrógeno y de carbono (de ahí el nombre de *hidrocarburos*) que se encuentra *primordialmente* en estado líquido bajo condiciones atmosféricas. Las mezclas de hidrocarburos que se encuentran en el petróleo crudo varían en propiedades físicas y químicas, tales como los puntos de ebullición o el número de moléculas de carbono e hidrógeno. El párrafo a continuación define brevemente lo que es el petróleo crudo:

> *El petróleo es un combustible fósil. La mayor parte del petróleo extraído hoy, se ha formado a partir de organismos prehistóricos, cuyos restos permanecen depositados en el fondo de océanos y lagos hace millones de años. A medida que las capas de sedimentos cubrieron estos restos, la presión sobre ellos aumentó y a su vez hizo que aumentara la temperatura. Este proceso cambió su composición química, transformándolos en el tiempo en petróleo*[1].

---

[1] http://www.edfenergy.com/energyfuture/oil

En el mundo, el petróleo se mide *principalmente* en barriles. El barril es una unidad de volumen y por lo tanto tiene que ser, con propósito de medición, ajustados a *condiciones normales*. ¿Cuáles son estas llamadas "condiciones normales"? Las condiciones normales o estándar se definen generalmente como una temperatura de 60 grados Fahrenheit (15.6 grados Celsius) y una presión absoluta de 14.65 libras por pulgada cuadrada (psia)[2]. Un barril de petróleo equivale a 42 galones o 159 litros.

Composición del Petróleo Crudo

El petróleo crudo es una mezcla compleja de diversos hidrocarburos. La composición del petróleo crudo varía ampliamente dependiendo de la procedencia y formación prehistórica de este petróleo crudo[3]. Un petróleo crudo producido de un yacimiento no tiene la misma composición que otro petróleo crudo producido de otro yacimiento.

A continuación se muestra una composición química típica, medida en peso o masa, de un petróleo crudo promedio:

- Carbono 84-87%
- Hidrógeno 11-14%
- Azufre 0.06-2%
- Nitrógeno 0.1-2%
- Oxígeno 0.1-2%

El petróleo crudo puede contener otras moléculas, pero las anteriores son las más comunes. Dado que los dos elementos más importantes son el *hidrógeno* y el *carbono*, el petróleo crudo y el gas natural son llamados, en consecuencia, *hidrocarburos*[4].

¿Qué es la densidad?

La densidad es la masa o peso de una sustancia divido por una unidad de volumen. La densidad podría decirse, que es la relación del espacio vacío en proporción al espacio sólido de cualquier sustancia sólida, líquida o gaseosa.

En términos de una fórmula, la densidad se define como la masa *dividida* por el volumen, es decir, gramos por litro. El agua, a presión atmosférica,

---

[2] Pounds-per-Square-Inch Absolute, una medida muy usada en la industria para medir la presión. Para mayor información visite http://ww2010.atmos.uiuc.edu/%28Gh%29/guides/mtr/fw/prs/def.rxml
[3] Fuente: http://chemistry.about.com/od/geochemistry/a/Chemical-Composition-Of-Petroleum.htm
[4] Fuente: Nontechnical Guide to Petroleum Geology, Exploration, Drilling and Production, 2nd Edition, PennWell books, página 3

tiene una densidad de 1 gramo por mililitro[5]. En otras palabras, 1 litro de agua tiene un peso de 1,000 gramos.

En términos generales, mientras más átomos de carbono tiene una molécula de hidrocarburo más *masa* o *peso* tendrá. Por ejemplo, el hidrocarburo pentano[6], que contiene 5 átomos de carbono, tiene más *peso* o *masa* que el metano[7] que sólo tiene 1 átomo de carbono.

En la industria petrolera, la medida de densidad más comúnmente utilizada para el petróleo es el sistema de evaluación de gravedad del American Petroleum Institute o simplemente conocido como grados API[8]. La fórmula de gravedad API se presentan a continuación, con G representando la *gravedad específica* de un líquido:

$$Grados\ API = \frac{141.5}{G} - 131.5$$

Visto de otra manera y despejando la ecuación, entonces G es igual a:

$$G = \frac{141.5}{(131.5 + Grados\ API)}$$

En otras palabras, la ecuación anterior demuestra que a mayor la gravedad específica o la letra G, menor serán los grados API. Es decir, mientras más moléculas tengan un petróleo o más *pesado* sea, menor serán los grados API. Inversamente, un petróleo ligero con menos moléculas tendrá un número de grados API mayor.

Por ejemplo, el agua, que tiene una gravedad específica de 1.0, tiene una gravedad API de 10 grados:

$$10\ Grados\ API = \frac{141.5}{1.0} - 131.5$$

Se puede entonces concluir que, cualquier petróleo crudo con una gravedad API *menor* de 10 grados, se *hundiría* en el agua debido al hecho de que este petróleo crudo es más *pesado* o más *denso* que el agua. A la inversa, cualquier petróleo crudo con un API *superior* a 10 grados *flotaría* sobre el agua, ya que este petróleo crudo es más *ligero* que el agua.

---

[5] El agua tiene una masa de 1 gramo por mililitro a *4 grados Celsius*
[6] Pentano, del griego *pente* o cinco, y *ano* del griego *alcano*
[7] Metano, del griego *methy*. El metano es el hidrocarburo menos complejo y solo tiene 1 átomo de carbón y 4 átomos de hidrógeno
[8] Fuente: http://www.sizes.com/units/hydrometer_api.htm

Tipos de Petróleo Crudo

Como mencionamos anteriormente, el petróleo crudo producido en un pozo o campo es distinto a otro crudo de otro pozo y difieren en calidad uno del otro, siendo clasificado el petróleo en términos de densidad y otras propiedades. El petróleo crudo más ligero tiene un API superior[9] en la escala de gravedad, mientras que el crudo más pesado tiene una gravedad API menor. El petróleo crudo ligero tiene menos moléculas de carbono (de ahí el hecho del porque se llaman crudos *ligeros*) y son más fáciles de producir y refinar que los petróleos pesados. Por lo general, los petróleos más ligeros *tienden* a tener un precio más alto que los petróleos más pesados.

Los petróleos crudos más ligeros se clasifican, generalmente, como aquellos que tienen una escala API superior a 35, los petróleos crudos medianos son aquellos entre 27 y 34 grados API, y los petróleos pesados los que tienen un API inferior a 27. Como fue mencionado anteriormente, la gravedad API del agua es 10, por lo que cualquier petróleo crudo con un API inferior a 10 se hundiría en el agua, que es el caso del bitumen venezolano y las arenas bituminosas canadienses. La siguiente tabla de un artículo reciente (Mayo 2014) de la Agencia de Información de Energía (EIA) de los EE.UU. muestra un ejemplo de los diferentes tipos de petróleo crudo, sus grados API y el correspondiente contenido de azufre[10]:

Tipos de Crudo Típicos	Grados API	Contenido de Azufre (%)
Ligero Dulce	35-50+	Menos de 0.3%
Ligero Agrio	35-40	Menos de 1.1%
Intermedio Agrio	27-34	Más de 1.1%
Pesado Dulce	Menos de 27	Menos de 1.1%
Pesado Agrio	Menos de 27	Más de 1.1%
Extra-Pesado	Menos de 10	Más de 1.1%

Existen muchos factores que afectan la calidad del petróleo crudo, pero uno de los factores más importantes, además de la gravedad, es el contenido de azufre. Cuanto mayor sea el contenido de azufre, menos valioso el petróleo crudo tiende a ser, dado que el azufre es un material altamente corrosivo. Para que una refinería procese crudos con alto contenido de azufre, requiere de equipos de procesamiento de desulfuración altamente especializados, así como haber sido construida con una metalúrgica más compleja y costosa. Mientras mayor es el contenido de azufre más "agrio"

---

[9] Para más información, puede visitar: http://total.com/en/energies-expertise/oil-gas/exploration-production/strategic-sectors/eho/challenges/presentation
[10] Energy Information Agency: http://www.eia.gov/analysis/petroleum/crudetypes/

es el petróleo crudo. A la inversa, mientras menor sea el contenido de azufre más "dulce" es el crudo.

¿Por qué los petróleos crudos son clasificados como "agrios" o "dulces"? Esta práctica se originó en el siglo XIX, cuando el personal de perforación, literalmente *saboreaban* u *olían* los diferentes petróleos crudos y describían los diferentes tipos de crudo como si tuviesen un sabor u olor, *dulce* o *agrio*.

La siguiente tabla presenta una muestra de diferentes petróleos crudos, sus correspondientes grados API y contenido de azufre[11]:

País o Zona Geográfica	Nombre del Petróleo Crudo	Grados API	Contenido de Azufre (%)
Algeria	Sahara Blend	43.6	0.073
EE.UU.	West Texas Intermediate (WTI)	39.6	0.30
México	Olmeca	38.7	0.89
Mar del Norte	Brent	38.6	0.38
Libia	Es Sider	36.5	0.40
Australia	Barrow	36.1	0.05
Canadá	Hibernia	34.4	0.41
Nigeria	Bonny Light	33.9	0.53
Rusia	YK Blend	33.7	0.76
Arabia Saudita	Arab Light	33.0	1.98
EE.UU.	Light Louisiana Sweet (LLS)	32.9	0.35
EE.UU.	West Texas Sour (WTS)	32.8	1.98
Región del Mar Caspio	Urals	31.8	1.24
Kuwait	Kuwait	30.1	2.80
Iraq	Basrah Light	30.1	2.80
EE.UU.	Mars Blend	28.6	2.02
Arabia Saudita	Arab Heavy	27.7	2.99
Venezuela	Hamaca	25.5	1.60
Ecuador	Oriente	24	1.50
Canadá	Albian Muskey River Heavy	21.6	3.81
Canadá	Western Canadian Select (WCS)	20.3	3.43

Cadena de valor del petróleo crudo

La cadena de valor del petróleo crudo tiene muchos componentes claves:

- El pozo petrolero que producen petróleo crudo y condensado.
- El separador, que es un recipiente cilíndrico o esférico que se utiliza para separar petróleo, gas y agua del flujo total del líquido producido por un pozo[12].

---

[11] http://www.caplinepipeline.com/PDF/report1.pdf
[12] http://www.glossary.oilfield.slb.com/es/Terms/s/separator.aspx

- El petróleo crudo es, entonces, transportado por camiones o tuberías de recolección, *desde* los pozos de producción *hasta* los puntos de recepción llamados *terminales*[13], los cuales son puntos de recepción del crudo en oleoductos (tuberías) de larga distancia. También a través de buques de transporte o barcos se transporta este valioso petróleo crudo y condensado a donde se necesita más y por la tanto reciba un mayor precio así como también donde el contrato de compra/venta así lo indique.
- El petróleo crudo es luego recibido en refinerías y se transforma en valiosos productos como gasolina, diésel, combustible o queroseno de aviación, lubricantes y otros productos.
- Estos productos refinados de petróleo se transportan a los terminales de distribución, tuberías e incluso embarcaciones o buques de transporte alrededor del mundo.
- Los productos refinados de petróleo se distribuyen a estaciones de servicio alrededor del mundo para posteriormente ser vendidos a los consumidores finales.
- Los productos derivados del petróleo se utilizan para usos como el transporte, la calefacción e incluso la generación eléctrica.

Comercialización del Petróleo Crudo

El petróleo crudo es una mercancía transada globalmente, el cual es comprado y vendido atendiendo a las necesidades de cada mercado. El petróleo crudo es la materia prima más activamente comercializada en el mundo[14]. La comercialización del petróleo crudo generalmente conlleva la compra de petróleo crudo a los productores desde el llamado *cabezal del pozo* (en inglés *wellhead*) y otros puntos de recibo para luego ser vendido a refinerías y/u otros compradores[15].

En la actualidad, el *West Texas Intermediate* (WTI) y el *Brent* son los contratos de referencia mundial para la fijación de precios del petróleo crudo. El contrato de futuros del WTI se cotiza en la Bolsa Mercantil de Nueva York (*NYMEX*) y la Bolsa Mercantil de Chicago (*Chicago Board of Trade*) y es el contrato de futuros de energía más activamente comercializado en el mundo. Un par de datos claves acerca de este contrato[16]:

---

[13] Una instalación usada para recibir, depositar o entregar petróleo crudo y productos refinados
[14] http://commodities.about.com/od/researchcommodities/a/most-liquid-commodity-markets.htm
[15] http://www.sunocologistics.com/Customers/Business-Lines/Crude-Oil-Acquisition-and-Marketing/173/
[16] http://www.cmegroup.com/trading/energy/light-sweet-crude-oil.html

- **Liquidez**: WTI es el punto de referencia mundial de los futuros de energía, siendo el contrato más líquido del mercado, transándose casi 850,000 contratos de futuro y opciones *cada día*.
- **Interés abierto**[17]: El interés abierto (en inglés *open interest*) ha superado 3 millones de lotes de contratos transados, lo que equivale a más de 3 millones de barriles de petróleo.

Dados las cualidades anteriores, este contrato WTI es usado como referencia significativa en el mercado físico de petróleo, siendo usado para fijar el precio *relativo* de los más de 10 millones de barriles de petróleo producidos diariamente en Canadá, Estados Unidos y México.

En el caso del crudo Brent, el cual es producido en el Mar del Norte, en el Reino Unido, es un crudo ligero con cualidades similares al WTI. El Brent es el marco de referencia de fijación de precios de más de 2/3 del petróleo producido mundialmente[18]. Los productores de petróleo en Europa, África y el Medio Oriente tienden a usar el Brent como una referencia para la venta de sus crudos.

Otros petróleos crudos *tienden* a seguir la tendencia de precios de los crudos WTI y Brent, siendo marco de referencia en el mercado mundial. Los precios de otros crudos fluctúan en función de *primas o descuentos* sobre el WTI o Brent incorporando la calidad de ese crudo particular. Por ejemplo, un petróleo crudo con un API de 30 se vendería con un descuento en comparación con el WTI, que tiene un API de 39.6. Lo mismo se aplicaría para los descuentos de entrega o ubicación física. En otras palabras, un petróleo crudo a ser recibido cerca de una refinería es *más* valioso que uno que se entrega en una tubería o terminal lejos de cualquier centro de mercado (*market center*).

Los petróleos crudos similares en calidad, como el Brent y el WTI tienden a ser generalmente vendidos alrededor por *más o menos* el mismo precio[19]. Sin embargo, en los últimos años, sobre todo en los EE.UU., debido al aumento de la producción de petróleo de ese país, algunos crudos estadounidenses que no pueden ser transportados por barcos, han sido vendidos con altos descuentos en referencia a los precios mundiales.

---

[17] El interés abierto es el número total de opciones y/o contratos de futuros que no son cerrados en un día particular. De http://www.investopedia.com/terms/o/openinterest.asp
[18] http://www.onefinancialmarkets.com/market-library/uk-brent-oil
[19] Desde el 2011, el petróleo WTI y el Brent se han cotizado con significativas diferencias de precios. http://www.bloomberg.com/news/2014-05-06/wti-oil-rises-on-forecast-cushing-weeks-from-emptying.html

Como se mencionó antes, el crudo ligero y dulce *tendrían* a tener un precio de mercado superior a los crudos pesados y agrios. La siguiente tabla, muestra un ejemplo de anuncios de compra de crudos a diferentes productores. En este caso para el mes de septiembre 2015, de la empresa Plains Marketing LP[20]:

Nombre del Crudo	Precio Publicado	Rango de gravedad API	Escala de ajuste
West Texas Intermediate (WTI)	$42.00	40.0-44.9	*Menos* $0.02 por barril por cada grado API por debajo de 40.9 grados; *menos* $0.015 por barril por cada 0.1 grado API superior a 44.9 grados
Oklahoma Sour	$30.00	40.0-44.9	*Menos* $0.02 por barril por cada grado API por debajo de 40.9 hasta 35.00, después menos $0.015 por barril por cada 0.1 grado API inferior a 35 grados, menos $0.015 por barril por cada 0.1 grado API superior a 44.9 grados
South Texas Sour	$29.75	34.0-44.9	*Menos* $0.10 por barril por cada grado API por debajo de 34 grados, menos $0.015 por barril por cada 0.1 grados API superior a 44.9 grados

¿Para qué se utiliza el petróleo crudo?

El petróleo crudo es la materia prima más valiosa del mundo, principalmente debido a su versatilidad, dado los numerosos productos que pueden ser refinados de ella. A continuación se presenta un rendimiento típico de 1 barril (42 galones o 159 litros) de petróleo crudo[21] en términos de productos derivados del petróleo:

- 47% de gasolina (19.74 galones)
- 23% de diésel y combustible para calefacción (9.66 galones)
- 18% de otros productos derivados (7.56 galones)
- 10% de jet fuel o combustible de aviación (4.2 galones)
- 4% de gas licuado de petróleo o GLP (1.68 galones)
- 3% de asfalto (1.26 galones)

Tenga en cuenta que los porcentajes anteriores no suman al 100%. Ello se debe a lo que se llama en el sector "ganancia o pérdida de volumen refinado" (en inglés *volume gain or loss*) o ganancia/pérdida volumétrica por

---

[20] https://www.plainsallamerican.com/getattachment/c7b04f87-07ea-480d-ae7b-ea415def355a/2015-165-September-4-2015.pdf?ext=.pdf
[21] http://www.eia.gov/dnav/pet/pet_pnp_pct_dc_nus_pct_a.htm

procesamiento. Un barril de gasolina o combustible para aviones tiene una diferente densidad que un barril de petróleo crudo. En otras palabras, el petróleo crudo es más pesado o denso que la gasolina, pero un barril de petróleo crudo y uno de gasolina ocupan el mismo volumen, esto, dado que el barril de crudo tiene más moléculas de hidrocarburos o simplemente "pesa más" que la gasolina. La ganancia volumétrica de productos refinados puede ser descrita como sigue:

> *"Ganancia de volumen refinado: La cantidad volumétrica por el cual el total de volúmenes de productos refinados es mayor que los volúmenes de petróleo crudo procesado en un período de tiempo determinado. Esta diferencia se debe al procesamiento de petróleo crudo en productos que, en total, tienen un peso específico menor que el crudo procesado."*[22]

Cabe notar que esta llamada ganancia o pérdida de volumen es sólo una cuestión al medir los hidrocarburos por volumen (barril) en vez de usar una unidad de masa o peso (por ejemplo tonelada métrica). Si el petróleo y sus derivados fueran medidos en términos de toneladas métricas, este concepto de ganancia o pérdida volumétrica no existiría, dado que se estaría midiendo el peso o masa de las moléculas y no el *volumen* que ocupan.

La categoría más grande e importante de productos refinados, en términos de volúmenes de venta, son los combustibles usados en el transporte. Los combustibles de transporte están constituidos principalmente por la gasolina, combustible diésel y combustible para aviones (en inglés *jet fuel*). La fuente principal de estos combustibles para el transporte, es el petróleo crudo[23]. Se espera que en las próximas décadas, a pesar del desarrollo de otras fuentes de energía, los combustibles para el transporte derivados del petróleo, mantengan un liderazgo de mercado en este importante sector del transporte. Estos combustibles derivados de los hidrocarburos proporcionan cualidades preferidas por consumidores alrededor del mundo, tales como la fiabilidad, disponibilidad y alta densidad energética[24], cualidades que combustibles derivados de otras fuentes no poseen.

Una gran cantidad de productos son refinados a partir del petróleo crudo, algunos como el asfalto, coque de petróleo y gas licuado de petróleo o GLP son resultados *indirectos* del proceso de refinación. Estos productos, en

---

[22] http://www.eia.gov/dnav/pet/TblDefs/pet_pnp_refp2_tbldef2.asp
[23] Ciertos productos de petróleo refinado puede también ser obtenidos de procesos tales como el biodiesel o tecnología GTL, pero ciertamente la mayor fuente de combustible para el transporte es el petróleo crudo.
[24] Una mayor densidad energética permite que más energía "ocupe" la misma cantidad de volumen.

líneas generales, tienden a ser de *menor* valor e impacto económico que los combustibles de transporte. Por lo tanto, las refinerías en general tratan de maximizar la producción de combustibles para el transporte, y minimizar, en la medida que sea posible, la producción de productos como el asfalto, el coque de petróleo, GLP y otros.

Los derivados refinados del petróleo a su vez son utilizados ampliamente en la industria petroquímica como materia prima[25] generando subproductos de mayor valor tales como el polietileno, polipropileno y otros. Estos subproductos son después convertidos en plásticos usados en diferentes industrias.

¿Qué es el gas natural?

El gas natural, como el petróleo crudo, es una mezcla de hidrocarburos, pero se encuentra principalmente en estado *gaseoso* o *vapor* bajo condiciones atmosféricas[26]. El componente principal del gas natural es el metano (CH4)[27]. El metano o CH_4 es el componente principal del gas natural con *calidad para fluir por un gasoducto*, lo que representa más del 90% de la composición de este gas natural. El gas natural también contiene los que se denominan los líquidos del gas natural o LGN (en inglés *natural gas liquids* o *NGL*). Los componentes del LGN son el etano, propano, butanos y pentanos plus[28].

El gas natural, en su estado original gaseoso, sólo puede ser transportado *económicamente* por gaseoductos. El gas natural que se encuentra en regiones remotas puede ser convertido en gas natural licuado o GNL (en inglés *liquefied natural gas* o LNG) para facilitar su transporte por otros medios. En términos generales, una planta de GNL refrigera el gas natural a una temperatura de *menos* 260 grados Fahrenheit. El gas natural, al ser enfriado a temperaturas criogénicas, permite que el gas ocupe significativamente menos volumen, causando que el gas natural *disminuya* en volumen por un factor de 1/600. Este gas natural, ahora, en forma líquida y ocupando mucho menos volumen, puede ser entonces transportado económicamente en recipientes refrigerados, cientos o incluso miles de kilómetros de

---

[25] Para más información, consulte http://www.trefis.com/stock/xom/articles/244267/exxon-mobil-breaks-ground-on-new-chemical-plant-in-the-u-s-to-tap-lower-natural-gas-prices/2014-06-23
[26] Las condiciones atmosféricas usualmente son definidas como 60 grados Fahrenheit y 14.65psia
[27] La composición exacta del gas natural depende en cada pozo o campo de petróleo de donde fue producido ese hidrocarburo.
[28] Los llamados pentanos+ también se conocen por otros nombres, tales como gasolinas naturales o naftas, condensados. Para mayor información:
http://www.eia.gov/petroleum/workshop/ngl/pdf/definitions061413.pdf

distancia por mar, desde el lugar original de producción hacia su destino final de consumo.

El otro método alternativo para el transporte de gas natural es comprimir el gas a una presión de 3,000-4,000 libras por pulgada cuadrada (psi). Comprimiendo el gas a estas altas presiones, el gas natural comprimido o GNC (in inglés *Compressed Natural Gas* o *CNG*) ocupa menos del 1% del volumen original. De esta manera, el gas natural puede ser fácilmente transportado al ocupar menos espacio. El GNC también se utiliza como combustible para el transporte, en particular en vehículos de flota tales como autobuses y otros vehículos que puedan tener acceso a estaciones fijas de GNC.

Cadena de Valor del Gas Natural

En la cadena de valor del gas natural, existen varios componentes claves:

- Los pozos de petróleo y gas, que producen hidrocarburos.
- El separador, que es un recipiente cilíndrico o esférico que se utiliza para separar petróleo, gas y agua del flujo total del líquido producido por un pozo[29].
- Gas natural no procesado (en inglés *wet gas*), va a la planta de procesamiento de gas, donde este hidrocarburo se procesa en tres componentes. El primer y más importante componente, es el gas metano, que tiene composición y calidad para fluir en gasoductos (es decir no presenta *tantos* problemas de condensación como el gas natural no procesado). El segundo componente, que son los líquidos del gas natural (LGN), son transportados por una tubería, usualmente hacia un destino diferente para que estos LGN sean fraccionados en componentes individuales. El tercer componente es muy variado y usualmente son las llamadas impurezas, tales como el sulfuro de hidrógeno (H_2S), dióxido de carbono (CO_2), helio y otros gases.
- El gas metano o gas con calidad gasoducto (en inglés *pipeline quality gas*), se comprime varias veces a lo largo de la travesía por el gasoducto antes de llegar a clientes comerciales, industriales y distribuidoras locales, quienes distribuyen este gas natural a los consumidores residenciales.
- A veces, el gas natural se inyecta o se almacena en depósitos subterráneos a fin de permitir generar un "inventario" para ser

---

[29] http://www.glossary.oilfield.slb.com/es/Terms/s/separator.aspx

usado en el invierno, que es la época del año cuando se consume mayor volumen de gas natural. Dado que, la producción de gas natural es relativamente constante durante el año, siendo la demanda concentrada en invierno[30], el almacenamiento de inyección permite a las empresas gestionar este desequilibrio entre la demanda estacional y la producción constante.

- Los líquidos del gas natural o LGN se envían para ser procesados adicionalmente en una planta de fraccionamiento. Este proceso separa los componentes individuales del LGN, tales como etano, propano, butanos y pentanos. Estos componentes individuales usualmente son enviados a plantas petroquímicas, las cuales usan estos componentes como materia prima en la elaboración de diversos plásticos.

- El gas metano se utiliza en la generación eléctrica, o como combustible de calefacción por clientes industriales, comerciales y residenciales.

Comercialización de Gas Natural

El gas natural se compra y se vende en términos de valor energético o calórico, usualmente medido en MMBTU (del inglés *million British Thermal Units*) o millón de unidades térmicas británicas. ¿Qué es un BTU? Un BTU, o *British Thermal Unit*, es la cantidad de energía necesaria para calentar *una libra de agua*, por *un grado Fahrenheit*[31]. Para ponerlo en perspectiva, un BTU genera aproximadamente la misma cantidad de energía que se libera con el encendido de un fósforo o cerillo de madera.

El gas natural se compra y vende en términos de contenido calorífico o valor energético, de manera que, todos los diversos componentes de hidrocarburos se reflejen en el precio (principalmente metano y etano, pero puede incluir otros líquidos de gas natural más pesados). Si el gas natural fuese comprado y vendido en términos de volumen, los componentes de mayor valor que tienen un contenido de BTU superior, tales como el propano y butano, no se reflejarían en el precio. La segunda, y quizás más importante razón, es que hay máximos de contenido calórico medidos en BTU a lo largo de toda la cadena de valor del gas. Estas especificaciones son medidas comenzando *aguas abajo* en la llamada "punta del quemador" (en inglés *burner tip*) de una estufa de gas, pasando por todo los eslabones de la cadena y terminando *aguas arribas* en el cabezal del pozo (en inglés

---

[30] La demanda de gas natural es particularmente alta en el invierno en el hemisferio Norte debido al uso de gas natural como combustible de calefacción.
[31] Una libra es aproximadamente 456 gramos y un grado Fahrenheit es igual a 0.556 grados Celsius

wellhead). La razón de que estas especificaciones calóricas sean importantes es que los aparatos o equipos que utilizan gas natural en un determinado país o área se fabrican para una composición muy específica del gas natural. Si fuese permitido un mayor contenido de BTU en el gas natural en una tubería de transmisión, esto causaría una serie de problemas, desde acumulaciones y condensación de líquidos en tuberías, daños a los quemadores de los equipos, corrosión, problemas de flujo o más importante, pudiendo crear un riesgo de seguridad, para los diversos participantes en la cadena de valor.

En términos de mercados y formación de precios, el gas natural es, *en gran medida*, un mercado muy regional, y a diferencia del petróleo crudo, no hay un único mercado mundial de gas natural, sino muchos pequeños mercados regionales. Estos diferentes mercados en todo el mundo pueden tener precios del gas natural muy diferentes unos de otros[32]. Mientras que en los Estados Unidos, el gas natural podría estarse vendiendo a $4 por MMBTU, en Europa el gas natural podría estarse vendiendo a $8 por MMBTU y en Japón el estaría en $16 por MMBTU. Estas grandes diferencias no son comunes en un mercado global como el del petróleo crudo. En los últimos años, el mercado de gas natural de los EE.UU. ha disfrutado de los más bajos precios del gas natural en el mundo desarrollado, en gran parte debido al substancial aumento de producción de hidrocarburos en dicho país[33]. Dado al hecho de que, para transportar gas natural de un lugar a otro, es necesario primero la construcción de un gasoducto o una planta de GNL, se espera que el gas natural siga siendo, en gran parte, varios mercados regionales por los próximos años y no un mercado global como el crudo[34].

El gas natural, una vez procesado por una planta de gas, es un producto homogéneo ajustado por el valor calorífico o el contenido de BTU. En contraste con el petróleo crudo, el petróleo crudo no es un producto homogéneo. Al ser comprado y vendido el petróleo crudo tiene que ser ajustado por factores de calidad tales como la gravedad y el contenido de azufre.

El gas natural en los EE.UU., y en muchas partes del mundo, se mide en pies cúbicos (en condiciones standard), más comúnmente en términos de *mil pies cúbicos* o MPC. A lo largo de este libro, se utilizará el sistema estadounidense de medidas para mantener consistencia y comparabilidad con estadísticas globales de producción de la industria. Más información se puede encontrar en la sección de unidades y conversión.

---

[32] http://www.eia.gov/todayinenergy/detail.cfm?id=3310
[33] http://www.eia.gov/dnav/ng/hist/n9050us2a.htm
[34] http://www.bloomberg.com/news/2014-09-30/u-s-gas-boom-turns-global-as-lng-exports-set-to-shake-up-market.html

¿Para qué se utiliza el gas natural?

A nivel mundial, el gas natural es utilizado por los siguientes sectores económicos[35]:

- Sector industrial 38%
- Generación eléctrica 34%
- Sector residencial 17%
- Sector comercial 7%
- Transporte y otros 4%

El gas natural es un combustible valioso, especialmente en los sectores de generación eléctrica y calefacción, principalmente debido a sus propiedades de combustión limpia (el metano es el hidrocarburo menos complejo, por lo tanto tiene bajas emisiones) y, sobretodo, por los bajos costos de operación.

¿Qué son los líquidos de gas natural?

Los LGN o líquidos de gas natural son hidrocarburos de alto valor que usualmente se encuentran asociados con el gas natural o que pueden ser refinados también del petróleo crudo. ¿Por qué entonces se llaman LGN? Se llaman líquidos de gas natural debido a que estos hidrocarburos se encuentran en estado gaseoso en *condiciones atmosféricas*, pero se pueden convertir a estado líquido a través de *aumentar* la presión o *disminuir* la temperatura o por una combinación de alta presión y baja temperaturas. Los LGN suelen ser más valiosos que el gas metano y proporcionan así a los productores de hidrocarburos un incentivo económico adicional para extraer estos líquidos de gas natural del gas natural no procesado. La otra razón es que los LGN necesitan ser extraídos del flujo de gas natural como un requisito para cumplir con las especificaciones necesarias de tuberías de gas metano en relación con el exceso de contenido de LGN. Estos LGN, como fue mencionado anteriormente, tienen un alto contenido calórico, por lo tanto tienen que ser removidos del gas metano.

---

[35] Energy Information Agency, International Energy Outlook 2013

La siguiente tabla de la Agencia de Información de Energía de los EE.UU. muestra los diferentes usos finales para los LGN[36]:

Líquido del Gas Natural	Formula Química	Usos Intermedios	Uso Final	Usuarios
Etano	C_2H_6	Etileno para la producción de plásticos, materia prima en general en la petroquímica	Bolsas de plástico, anticongelante para autos, detergente	Industrial
Propano	C_3H_8	Calefacción residencial y comercial, combustible para estufas, materia prima petroquímica	Calefacción en hogares, pequeñas estufas, gas licuado de petróleo (GLP)	Industrial, Residencial & Comercial
Butano	C_4H_{10}	Materia prima petroquímica; mezclado con propano o gasolina	Caucho sintético para neumáticos o llantas, GLP, combustible para encendedores	Industrial & Transporte
Iso-butano	C_4H_{10}	Materia prima para refinerías y petroquímica	Material para la Alquilación para uso en gasolina; aerosoles; refrigerantes para automóviles	Industrial
Pentano	C_5H_{12}	Gasolina natural, agente de moldeo para espuma de poli estireno	gasolina; poliestireno; solvente	Transporte
Pentano Plus	C5, C6, C7+	Mezclado con combustibles para transporte, uso como diluyente con el bitumen y otros petróleos pesados	Gasolina, mezclas de etanol, producción de bitumen	Transporte

En la tabla anterior, C indica el número de átomos de carbono mientras que H indica el número de átomos de hidrógeno. Por ejemplo, el etano contiene 2 átomos de carbono y 6 átomos de hidrógeno.

Sectores en la Industria Petrolera

La industria del petróleo y gas se divide tradicionalmente en 3 sectores, upstream, midstream y downstream:

- **Upstream** o *Aguas Arriba*, también conocido como Exploración y Producción está principalmente enfocado en la búsqueda, la exploración, desarrollo, producción y transporte de petróleo crudo y de gas natural del pozo o sitio de producción a un terminal, planta de gas, refinerías u otros puntos de entrega. Upstream es cubierto con más detalle en el capítulo 2.

---

[36] http://www.eia.gov/todayinenergy/detail.cfm?id=5930

- **Midstream** es uno de los sectores más difíciles de clasificar ya que las definiciones de lo que constituye "midstream" varían de una compañía a otra. Convencionalmente, midstream ha abarcado la recolección, el tratamiento, el procesamiento de gas natural, de transporte de petróleo por largas distancias, gas natural, líquidos de gas natural, productos refinados y productos químicos, así como terminales, GNL, GLP y el transporte de petróleo crudo, fraccionamiento o separación de líquidos de gas natural y otras áreas. Para varias empresas, especialmente las grandes empresas integradas, sus "activos midstream" suelen ser agrupados o reportados como downstream en lugar de como un segmento operativo independiente. Midstream se cubrirá con mayor detalle en el capítulo 3.

- **Downstream**, o *Aguas Abajo*, está involucrado principalmente en la refinación, comercialización, transporte, la entrega de petróleo crudo y gas natural y otros productos a clientes mayoristas y finales. El sector downstream en la industria petrolera también abarca una amplia gama de productos, tales como gasolina hasta productos petroquímicos, lubricantes y otros. Downstream se cubre en más detalle en el capítulo 4.

La tabla siguiente describe la actividad principal de cada sector así como el modelo de negocio que cada sector tiene generalmente:

	Upstream	Midstream	Downstream
Actividad Principal	Buscar, explorar y producir hidrocarburos	Transportar y procesamiento intermedio de hidrocarburos	Refinar y suministrar productos refinados, petroquímicos y otros derivados del petróleo y gas
Modelo de Negocio más similar	"Minería"	"Peaje"	"Manufactura"
Riesgo y exposición a Fluctuaciones de Precios	Depende de altos precios del petróleo y gas	Relativamente tiene un riesgo de fluctuación de precios. Primordialmente un negocio con ingresos basadas en tarifas o cuotas fijas	Basados en márgenes de ganancia. Se beneficia del diferencial entre *costos de materia prima* (petróleo crudo) y *ventas* (productos refinados)
Gastos de Capital (CAPEX) recurrente	Alto nivel, tanto al comienzo de una inversión como CAPEX *recurrente*	CAPEX inicial es alto, CAPEX recurrente tiende a ser medio a bajo	CAPEX inicial es alto, CAPEX recurrente tiende a ser medio a bajo
Margen de Ganancia	Alto a Medio	Medio a Bajo	Bajo a Medio
Estabilidad del Flujo de Caja	Cíclico, relativamente alto	Más estable	Cíclico, relativamente medio a bajo
Otros riesgos	Geopolítico & Ambiental	Ambiental	Ambiental

Empresas Petroleras en el Sector

Aunque en este libro se cubran primordialmente empresas iberoamericanas, los siguientes tipos de empresas de petróleo y gas participan en general en la industria petrolera:

- Empresas Petroleras Nacionales (EPN)
- Empresas Petroleras Integradas (EPI)
- Empresas Independientes de Exploración y Producción (EIEP)
- Empresas Independientes de Refinación (EIR)
- Empresas Midstream (EM)
- Empresas de Servicio Petroleros (ESP)

Empresas Petroleras Nacionales (EPN)

Las empresas petroleras nacionales o EPN, conocidas en inglés como *National Oil Companies* o NOC son los mayores participantes en la industria en términos de reservas y producción de hidrocarburos. La creación de las EPNs comenzó a ser más frecuente a partir de la década de 1950 siguiendo hasta la década de 1980. Uno de los principales impulsores de la creación de EPNs era que los gobiernos anfitriones querían aumentar su propia participación en la industria petrolera en sus países. Las EPNs pueden dividirse en dos categorías:

- Empresas petroleras nacionales *no* cotizadas en la bolsa de valores
- Empresas petroleras nacionales cotizadas en la bolsa de valores

Empresas petroleras nacionales no cotizadas en la bolsa de valores

Como su nombre lo indica, estas empresas son totalmente propiedad o controladas por sus respectivos gobiernos y no permiten a los inversionistas privados tener acciones en estas empresas. Estas empresas se encuentran entre las empresas más grandes del mundo y son actores claves en los mercados de petróleo y gas. Por lo general son empresas integradas ya que tienen operaciones upstream, midstream y downstream. Ejemplos de algunas de las empresas en esta categoría son Saudi Aramco, PEMEX, PDVSA, y Qatar Petroleum.

Empresas petroleras nacionales cotizadas en la bolsa de valores
Las EPN que cotizan en bolsa tienen una propiedad sustancial o control por parte de sus respectivos gobiernos anfitriones, pero permiten a los inversores individuales tener acciones en estas empresas. Estas empresas petroleras nacionales son cotizadas en las principales bolsa de valores en el mundo, tales como la de Nueva York (*New York Stock Exchange*), la Bolsa de Londres (*London Stock Exchange*), entre otras. Estas empresas permiten a los inversores comprar y vender acciones de sus empresas a través de lo que se conoce como *American Depositary Receipts* o *ADRs*[37] (también pueden ser denominadas como *Global Depositary Receipts* o *GDR*). Estas empresas pueden invertir fuera de sus países de origen y se espera que compitan en el futuro cada vez más con las Empresas Petroleras Integradas (EPI). Ejemplos de estas empresas son Statoil, Petrobras y Petrochina.

Empresas Petroleras Integradas (EPI)

Estas son las empresas más tradicionalmente asociadas con la industria del petróleo y gas, como ExxonMobil, Shell, BP y Total. Estas empresas están integradas en el sentido de que tienen operaciones en todo el mundo en los tres sectores, **upstream, midstream y downstream.**

Empresas Independientes de Exploración y Producción (EIEP)

Las compañías independientes de exploración y producción van desde grandes empresas como ConocoPhillips hasta las empresas más pequeñas de este ramo. Como su nombre lo indica, estas empresas participan *principalmente* en Upstream o sector de exploración y producción de la industria petrolera y no tienen operaciones *significativas*[38] en downstream.

Empresas Independientes de Refinación (EIR)

Las Empresas Independientes de Refinación, también conocidas como las empresas de downstream, derivan la mayor parte de sus ingresos, ganancias y flujos de efectivo *principalmente* de la refinación del petróleo crudo en productos como gasolina, diésel, combustible para aviones y otros productos. Estas empresas también pueden tener activos de comercialización de combustible al por mayor y al por menor. Históricamente, el sector de refinación y comercialización ha sido muy volátil, por la cual estas empresas han realizado inversiones en otros sectores, tales como midstream, petroquímica y lubricantes, para

---

[37] Para más información puede visitar http://www.investopedia.com/terms/a/adr.asp
[38] Muchas compañías independientes de exploración y producción pueden tener algunos negocios no significativos en downstream y midstream. Un ejemplo de esto es la empresa Occidental Petroleum, la cual posee negocios petroquímicos, pero de ninguna manera es su negocio principal.

contrarrestar la volatilidad de los márgenes de refinación. Ejemplos de este tipo de empresas son Marathon Petroleum y Phillips 66, las cuales se unieron a esta categoría de empresas en el 2011 y 2012 después concluirse sus respectivas separaciones de sus empresas matrices integradas (las cuales eran Marathon Oil y ConocoPhillips).

Empresas Midstream (EM)

Las empresas de midstream se dedican principalmente a la recolección, procesamiento y transporte de gas natural y petróleo crudo, fraccionamiento de líquidos de gas natural (LGN); operación de oleoductos de petróleo crudo, gas natural y productos refinados así como también la operación de terminales de petróleo crudo y productos, así como otros activos. Muchas empresas midstream, especialmente en los EE.UU., están establecidas como sociedades *Master Limited Partnership* o MLP en inglés, los cuales obtienen beneficios y ventajas fiscales en comparación con las corporaciones regulares en los EE.UU. Estas MLPs reducen la doble tributación al permitir que los impuestos sean tasados al nivel de cada dueño de acciones MLP, en vez de al nivel corporativo[39].

Empresas de Servicios Petroleros (ESP)

Las empresas de servicios petroleros proveen equipos y servicios a otras empresas de upstream, midstream y downstream. Las empresas de servicios, como su nombre lo indica, *no poseen* activos upstream, downstream o midstream, sino que en su lugar *ofrecen* equipos y servicios a las empresas que operan en los sectores antes mencionados. En períodos de elevados gastos de capital de la industria (CAPEX), estas empresas *tienden* a desempeñarse muy bien. Por el contrario, en períodos de reducción de gastos de capital, tales como en la actualidad (2014-2015), donde el precio del petróleo ha bajado significativamente[40], las empresas de servicios *tienden* a tener un menor rendimiento que las otras empresas.

Algunas de las empresas más conocidas en este sector son Schlumberger, Halliburton, Transocean, Baker Hughes.

---

[39] Para más información acerca de las sociedades MLP, por favor visite http://www.lw.com/MLP-Portal/101#what-does-an-mlp-look-like.
[40] Desde Junio del 2014 hasta Noviembre del 2015, el precio del petróleo bajó de $100 por barril a menos de $50.

Unidades y Conversiones

La industria petrolera es particular en el hecho de que, *por lo general,* tiende a utilizar los números romanos para referirse a grandes cifras. El número romano "M" significa *1000* y no *1,000,000*, como es usado normalmente en los periódicos. Los números romanos MM representan *1000* por *1000* o simplemente *1,000,000*. Conforme a la práctica de la industria petrolera internacional, en este libro se utilizan las siguientes unidades:

- M es igual a 1,000 o mil.
- MM es igual a un 1,000,000 o un millón.
- 1 billón es igual a mil millones o 1,000,000,000.
- 1 trillón es igual a un millón de millones o 1,000,000,000,000.

Moneda, comas y puntos

A lo largo de este libro, la moneda utilizada para análisis es el dólar de los Estados Unidos de América. El símbolo que se utiliza para denotar dólares es el símbolo $. Conforme con la práctica de la industria, la coma se utiliza para facilitar la lectura de cantidades superiores a mil. De igual modo, el punto se utiliza para denotar un punto decimal:

- Por ejemplo un millón dólares será escrito como $1,000,000.00.
- Para denotar grandes cantidades, la convención que se utilizará será de $MM para millones de dólares. Por ejemplo, ciento cincuenta millones de dólares se denotará como $150MM.
- Para cantidades mayores de mil millones de dólares, se utilizan billones. Por ejemplo, 1,000,000,000.00 es igual a $1billón.

Unidades de medición de Petróleo Crudo e Hidrocarburos Líquidos

En la industria del petróleo y el gas, el barril, una unidad de volumen, se utiliza para medir el petróleo crudo, líquidos de gas natural, asfalto, arenas bituminosas y otros hidrocarburos líquidos.

En consonancia con las prácticas de la industria, a lo largo de este libro, los barriles se utilizan como unidad de medida para el petróleo y otros hidrocarburos líquidos. Un barril se define como 42 galones estadounidenses medido bajo condiciones atmosféricas, con esas condiciones atmosféricas definidas como 60 grados Fahrenheit y presión de 14.65 libras por 1 pulgada cuadrada o psi. La abreviatura para un barril es "bbl" y esta abreviatura se utilizará a lo largo de este libro.

La producción de hidrocarburos líquidos se suele medir en términos de flujo diario, es decir en barriles por día o BPD. Las siguientes son las unidades usadas en este libro:

- BPD = Barriles de petróleo o hidrocarburos líquidos por día.
- MBPD = *Mil* barriles de petróleo o hidrocarburos líquidos por día.
- MMBPD = *Millones* de barriles de petróleo o hidrocarburos líquidos por día.

Para la medición de reservas de hidrocarburos líquidos, las siguientes unidades son utilizadas:

- Mbbl = *Miles* de barriles de reservas de petróleo o hidrocarburos líquidos.
- MMbbl = *Millones* de barriles de reservas de petróleo o hidrocarburos líquidos.
- Para las reservas de más de 1,000MMbbl, se utiliza billones, lo que equivale a 1,000,000,000 o mil millones.

Unidades de medición de Gas Natural

Para el gas natural, se utiliza MPC o *mil* pies cúbicos (M de números romanos); o más comúnmente, se utiliza MMMPC o mil millones de pies cúbicos de gas (1000,000,000 de pies cúbicos). Para la medición de la producción diaria de gas natural, se utilizan las siguientes unidades:

- MPCD = *Miles* de pies cúbicos por día.
- MMPCD = *Millones* de pies cúbicos por día.
- MMMPCD = Un billón de pies cúbicos por día.

Para la medición de las reservas de gas natural, se utiliza: la siguiente convención

- MMMPC = Un billón de pies cúbicos de gas natural, o 1,000,000,000 de pies cúbicos.
- MMMMPC = trillones de pies cúbicos de gas natural, o 1,000,000,000,000 pies cúbicos o un *millón de millones*.

Unidades de medición total de hidrocarburos

Un barril de petróleo equivalente o BPE, es una manera de combinar la producción tanto de petróleo y gas en una sola unidad y así medir la producción *total de hidrocarburos* para una empresa. Esta conversión de barril de petróleo equivalente o BPE se basa en el hecho de que 6,000 pies cúbicos o 6 MPC de gas natural tienen *aproximadamente* el mismo contenido de energía que 1 barril de petróleo[41]. Por lo general, las grandes empresas integradas tienden a citar su producción de hidrocarburos en términos de *miles* de barriles de petróleo equivalentes por día (MBPED).

Para la medición de la producción *total de hidrocarburos*, se utilizan las siguientes unidades:

- BPED = barriles de petróleo equivalente por día.
- MBPED = *mil* barriles de petróleo equivalente por día.
- MMBPED = *millones* de barriles de petróleo equivalente por día.

Para la medición de las reservas probadas de hidrocarburos, se utiliza lo siguiente:

- MBPE = *Mil* barriles de petróleo equivalente.
- MMBPE = *millones* de barriles de petróleo equivalentes.
- Para las unidades de más de 1 millón de BPE, se utiliza un billón BPE o mil millones de BPE.

Unidades del Sistema Métrico Decimal

Muchas de las empresas en el mundo, por ejemplo aquellas con sede en China, Noruega y Rusia, miden el petróleo en términos de *peso o masa* en lugar de *volumen*, usando comúnmente las toneladas métricas. Una tonelada métrica es equivalente aproximadamente a 7.33 barriles de petróleo[42], pero la medida exacta depende del tipo y de la densidad del petróleo que está siendo medido. Una tonelada métrica es una unidad de *masa o peso*, mientras que el barril es una unidad de *volumen*; por lo tanto, esta conversión depende de la densidad del petróleo o del producto en particular que está siendo medido. A lo largo del libro, *excepto donde se indique*, las reservas probadas o de producción medidos por las empresas originalmente en toneladas métricas se han convertido utilizando el factor de ~7.33 barriles a 1 tonelada métrica. El gas natural, cuando sea medido en metros cúbicos, *excepto donde se indique*, se ha convertido en el libro usando un factor de 35.31 pies cúbicos por 1 metro cúbico.

---

[41] El factor de conversión varía significativamente dependiendo del tipo de petróleo crudo que se referencia. Para más información visite http://www.spe.org/industry/docs/UnitConversion.pdf
[42] Factor de conversión basado en un promedio de gravedad API mundial. Fuente: BP Statistical Review 2014

Suministro Mundial de Energía

La producción mundial de *energía total* tiene en cuenta todas las fuentes de energía, incluyendo, el petróleo, gas natural, carbón, nuclear, energía hidroeléctrica, los biocombustibles y las energías renovables. La producción total de energía en el 2012 fue de 12,583 millones de *toneladas métricas de petróleo equivalente*[43], aproximadamente unos 92.2 mil millones de barriles de petróleo equivalentes al año, lo que equivale a unos 253 millones de barriles de petróleo equivalente por día (MMBPED). La producción de energía total en el 2012 fue de 12,583 millones de toneladas métricas la cual estaba compuesta por los siguientes rubros:

- **Petróleo**: 4,119 millones de toneladas métricas o el 33% del total.
- **Gas natural**: 3,034 millones de toneladas métricas o 24% del total.
- **Carbón**: 3,741 millones de toneladas métricas o 30% del total.
- **Energía nuclear**: 560 millones de toneladas métricas o el 4% del total.
- **Hidroeléctrica**: 831 millones de toneladas métricas o el 7% del total.
- **Biocombustibles**: 60 millones de toneladas métricas, o el 0,5% del total.
- **Energías renovables**: 237 millones de toneladas métricas, o 1,9% del total

En total, los combustibles fósiles, o el petróleo, carbón y gas, proporcionan conjuntamente cerca del 87% del suministro de energía del mundo.

En 1990, la producción total de energía fue 8,199 millones de toneladas métricas de petróleo equivalentes, 60 mil millones de barriles de petróleo equivalente (OE) al año o aproximadamente 165MMBPED, lo que indica impresionante tasa de crecimiento del suministro de energía del 53% entre 1990 y 2012.

Producción Mundial de Petróleo e Hidrocarburos Líquidos

Según el *BP Statistical Review del 2015*[44], la producción de *hidrocarburos líquidos* incluye petróleo crudo convencional, petróleo crudo no convencional, bitumen y líquidos de gas natural (LGN).

---

[43] Fuente: BP Energy Outlook 2035
[44] https://www.bp.com/content/dam/bp/pdf/energy-economics/statistical-review-2015/bp-statistical-review-of-world-energy-2015-full-report.pdf

En el 2014, en el mundo se produjeron aproximadamente 88.7 millones de barriles de petróleo y líquidos por día (88.7MMBPD)[45], siendo los 5 mayores productores Estados Unidos, Arabia Saudita, Rusia, Canadá y China representando aproximadamente el 48% de toda la producción mundial de hidrocarburos líquidos.

Producción Mundial de Gas Natural

En el 2014, en el mundo se produjeron cerca de 335,000 millones de pies cúbicos por día (335,000MMPCD)[46], siendo los cinco mayores productores de gas natural los Estados Unidos, Rusia, Qatar, Irán y Canadá, juntos representando alrededor del 53% de toda la producción mundial de gas natural.

Consumo de Energía Mundial

El consumo total de *energía* en el mundo se define como el consumo del sector transporte, generación eléctrica, consumo industrial y otros sectores teniendo en cuenta todas las fuentes de energía. El consumo mundial de energía en el 2012 fue de 12,477 millones de toneladas de petróleo equivalentes por año, 91.4 billones de barriles de petróleo equivalentes por año o aproximadamente 250.6MMBPED[47]. El consumo total en el 2012 estuvo compuesto por los siguientes sectores:

- **Sector Transporte**, con un consumo de 2,252 millones de toneladas métricas de petróleo equivalente o 18% del total. Cabe mencionar que el petróleo suministró cerca del *95%* de todas las necesidades de combustibles en el sector transporte en el 2012.
- **Sector de generación eléctrica**, con un consumo de 5,251 millones de toneladas métricas o 42% del total. El carbón y el gas natural son los combustibles más usados en este sector, concentrando el 64% de la demanda total de generación eléctrica en el año 2012.
- **Sector industrial**, con un consumo de 3,697 millones de toneladas métricas o 30% del total. El carbón, petróleo y gas suministran *cada uno* un tercio de la demanda industrial total en el 2012.
- **Otros sectores**, con un consumo de 1,277 millones de toneladas métricas, 10% del total. El petróleo y gas natural suministran cerca de 89% de todas las necesidades de otros sectores en el año 2012.

---

[45] BP Statistical Review 2015, Oil production by barrels
[46] Ibid, Gas Production in BCF
[47] Fuente: BP Energy Outlook 2035

Es importante recalcar que el petróleo, los productos refinados y los líquidos del gas natural, proveen al mundo con el 95% de sus necesidades de transporte. El petróleo crudo es una materia prima *esencial* en la economía mundial, específicamente en términos de *satisfacer* las necesidades de combustibles en el sector del transporte de una manera fiable y económica. Los vehículos personales, barcos, camiones, trenes y aviones proveen esta confiabilidad en gran medida gracias a una amplia disponibilidad en el mercado de mundial de combustibles como gasolina, diésel o gasóleo y queroseno de aviación.

En el año 1990, el mundo consumió aproximadamente 8,110 millones de toneladas métricas o 163MMBPED, indicando, por lo tanto, un aumento del 54% en la demanda entre 1990 y 2012.

Las regiones con el mayor crecimiento de demanda entre 1990 y 2012 fueron Asia Pacífico, Oriente Medio, América Central y del Sur. Se espera que estas regiones continue incrementando su demanda de energía en los próximos años. Hay varias razones que sustentan esta alta demanda de energía en estas áreas, una de las tantas es que estas regiones continúan teniendo un crecimiento económico favorable y una composición demográfica que sustenta un aumento en el consumo. Otras razones del alto crecimiento de la demanda en estos países es el hecho de que están empezando desde niveles *relativamente* bajos de consumo de energía en comparación con los países desarrollados en América del Norte o Europa, por lo tanto se espera que este crecimiento continúe.

Las regiones del Medio Oriente, América Central y del Sur son partes claves en el crecimiento de la demanda energética en el mundo y continuarán influenciando el panorama energético mundial en las próximas décadas. Estas regiones continuarán teniendo un impacto en términos tanto del *suministro* como la *demanda* de energía. Un ejemplo de esto es el Medio Oriente, ya que a medida que su consumo de hidrocarburos aumente, habrá menos exportaciones netas disponibles para abastecer a los consumidores de otras regiones del mundo. Solamente en el sector del transporte, la región Asia Pacífico experimentó un crecimiento de 149% en el período 1990-2012, el Oriente Medio 119%, y América Central y del Sur con un crecimiento del 109%[48]. Por el contrario, América del Norte y Europa experimentaron un crecimiento del 19% y 7%, respectivamente, durante el mismo período.

---

[48] BP Energy Outlook 2035

La edición del 2013 del World Energy Outlook de la *Energy Information Agency* o *EIA* de los EE.UU. reporta que la demanda total de energía mundial era de 524 cuatrillones de BTU por año en 2013 y que espera que la demanda total aumente a 820 cuatrillones[49] de BTU[50] por año en el 2040. La mayor parte de este crecimiento provendrá de Asia, en particular de China y la India. Del total de energía consumida en el 2010, se estima que el 56% fue suministrado por el petróleo y el gas natural, con el resto siendo proporcionado por el carbón, la energía nuclear y otras fuentes. Mirando hacia el 2040, el porcentaje de petróleo y gas que se consume en el mundo será de alrededor del 51% de la demanda total de energía mundial. Más del 90% de la demanda de transporte en el mundo es satisfecha con combustibles líquidos. Los combustibles líquidos son las fuentes de energía más densas por unidad de volumen, en otras palabras, permitiendo más contenido calórico o BTU por galón que otras fuentes, y por lo tanto son más fácilmente *transportados* y *almacenados*.

La tabla siguiente de la publicación EIA International Energy Outlook 2013 compara el consumo actual de los distintos combustibles versus el consumo futuro en 2040:

Fuentes de Energía	Consumo en 2009 (cuatrillones de BTU)	Consumo en 2010 (cuatrillones de BTU)	Consumo en 2040 (cuatrillones de BTU)	Incremento porcentual promedio 2010-2040
Hidrocarburos Líquidos	171	176	233	0.9%
Gas Natural	108	117	191	1.7%
Carbón	139	147	220	1.3%
Energía Nuclear	27	27	57	2.5%
Otras fuentes	53	56	119	2.5%
Total	498	524	820	1.5%

Consumo de Petróleo e Hidrocarburos Líquidos

En el año 2014, el mundo consumió aproximadamente 92.1 millones de barriles de petróleo y líquidos por día (92.1MMBPD) [51], frente a los 80.2 millones de barriles por día (80.2MMBPD) en 2003[52]. En el 2014 los 5 mayores consumidores de petróleo e hidrocarburos líquidos eran los EE.UU., China, Japón, India y Brasil, quienes representan cerca del 45% del consumo total en todo el mundo. Mientras que el petróleo crudo e

---

[49] Cuatrillones es igual a *mil millones de millones* o a 1,000 x 1,000,000,000,000
[50] International Energy Outlook 2013, U.S. EIA. http://www.eia.gov/forecasts/ieo/pdf/0484(2013).pdf
[51] BP Statistical Review 2014
[52] Ibid

hidrocarburos líquidos se utilizan en muchos sectores, el mayor consumidor es el sector del transporte, donde el petróleo crudo suministra más del 90% de los combustibles para el transporte en el mundo.

Consumo de Gas Natural

Para el año 2014, el mundo consumió 328,000 millones de pies cúbicos por día (328,000MMPCD) de gas natural, un aumento del 28% sobre los 254,000MMCPD en 2003[53]. En el 2014, los 5 principales consumidores de gas natural fueron los EE.UU., Rusia, China, Irán y Japón, quienes representaron aproximadamente el 48% de todo el consumo.

Indicadores Financieros Generales

Los indicadores financieros discutidos en este libro pueden ser utilizados para evaluar el desempeño de cualquier negocio en cualquier industria o sector de la economía. Estos indicadores se utilizan también para analizar el estado financiero las compañías en la industria petrolera. En los siguientes párrafos se definen cómo se calculan estos diversos indicadores financieros como también se enfatiza su importancia.

Los siguientes indicadores financieros se utilizan a lo largo de este libro:

- Capitalización de mercado
- Ventas totales consolidadas
- Beneficio o Ganancia Neta Atribuible a la corporación
- Rentabilidad sobre Capital Empleado (RCE)
- Rentabilidad en Efectivo sobre Capital Empleado (RECE)
- Rentabilidad sobre el Patrimonio Promedio (RPP)
- Dividendos por acción
- Rentabilidad por Dividendo (RD)
- Gastos de capital (CAPEX)
- Flujo de Efectivo por Actividades de Operación (FEAO)
- Flujo de Efectivo Libre (FEL)
- Porcentaje del FEAO dedicado a dividendos
- Rentabilidad Total del Accionista (RTA)
- Ratio de Deuda sobre Patrimonio (RDP)

---

[53] Ibid

Capitalización de Mercado

La capitalización de mercado, también conocida como la capitalización bursátil, es el valor *nocional* de una empresa en una determinada *fecha y hora*. Se calcula tomando el precio de la acción de una empresa en una fecha específica, y se multiplica por el número de acciones en circulación al final del mismo período. La capitalización de mercado se basa en el precio de las acciones cotizadas, que fluctúa *cada día*, por lo tanto, la capitalización de mercado igualmente fluctuaría diariamente.

La capitalización de mercado es un valor *nocional* o *teórico*. Si una empresa fuese a adquirir otra empresa en el mercado, la empresa que está adquiriendo a la otra no pagaría simplemente este valor de mercado, sino que en vez tendría que pagar un precio más alto, ya que el precio de las acciones se *incrementaría* en anticipación a esta adquisición.

A lo largo de este libro se utiliza la siguiente metodología:

Las acciones ordinarias en *circulación* al 31 de diciembre de 2014 *multiplicado por* el precio de cierre de las acciones al 31 de diciembre del 2014. Tenga en cuenta que algunas empresas pueden ofrecer el número de acciones en circulación del período de tiempo posterior, tales como 31 de enero del 2015 o un período más tarde, de manera que se utilizará ese número de acciones en circulación *multiplicado por* el precio de cierre de dicha sociedad al 31 de diciembre de 2014.

La Corporación XYZ tenía 4,500,000 acciones ordinarias en circulación al 31 de diciembre del 2014, mientras que el precio de cierre de sus acciones era de $40 por acción, por lo tanto, la capitalización de mercado de la compañía al 31 de diciembre del 2014 fue de $180MM.

Ventas Totales Consolidadas

Las ventas totales consolidadas es un indicador ampliamente utilizado por muchos analistas para poder clasificar diferentes empresas en términos de su tamaño absoluto y en relación con otras empresas. La revista Fortune utiliza las ventas totales consolidadas como el criterio principal para compilar su famoso ranking *Fortune 500* de las más grandes empresas del mundo[54]. Dependiendo de la empresa, este indicador podría ser llamado "ventas consolidadas", "ingresos brutos", "ingresos de explotación" o "total de ingresos consolidados".

---

[54] Fuente: http://www.uspages.com/fortune500.htm

Como nota al margen, el de hecho de tener grandes ventas totales consolidadas no se traducen necesariamente en mayores *ganancias netas*. Tradicionalmente, las empresas de refinación tienen ventas consolidadas mucho más altas que las empresas de exploración y producción, pero las empresas de refinación tienen márgenes brutos significativamente más bajos y por lo tanto menores ganancias netas.

> *La Corporación XYZ tuvo ventas totales de $4.5 mil millones para el año calendario 2014, de acuerdo con su estado de resultados reportado en sus informes 10-K.*

Ganancia o Utilidad Neta Atribuible a la Corporación

El beneficio neto, ganancia neta o utilidad neta atribuible a la Corporación es una medida definida tanto por lo estándares de contabilidad de EE.UU. como los estándares IFRS y esta métrica es ampliamente utilizada para medir la rentabilidad global de una empresa. La utilidad neta refleja todos los impuestos, costos y gastos y es una cifra ampliamente citada en los comunicados de prensa como "ganancias o utilidades". Este número *excluye* las ganancias netas atribuibles a las participaciones no controladoras (también conocidos como *dueños minoritarios*).

> *"Una participación no controladora, a veces llamado una participación minoritaria, es la porción del patrimonio en una subsidiaria no atribuible, directa o indirectamente, a la empresa matriz."*[55]

En otras palabras, es por eso que este indicador se llama ganancia neta *atribuible a la entidad o corporación*, ya que excluye la parte de las ganancias que los propietarios o accionistas de la empresa sobre la cual no tienen un derecho, por lo tanta esa porción no es atribuible a las accionistas generales.

> *La Corporación XYZ tenía una ganancia neta total de $100MM, mientras que la ganancia neta atribuible a participaciones no controladoras fue de $20MM, por lo tanto, la utilidad o ganancia neta atribuible a XYZ es de $80MM.*

En el caso de las entidades *Master Limited Partnerships en* Estados Unidos o MLPs, las cuales se analizan con más detalle en el capítulo Midstream, es importante remarcar que las "ganancias" referenciadas no incluyen los efectos del impuesto sobre la renta o *federal income tax* de EE.UU. Las

---

[55] Fuente: http://www.fasb.org/summary/stsum160.shtml

ganancias de estos MLPs son tasadas a nivel de cada dueño de las acciones MLP que son cotizadas en bolsa.

Rentabilidad sobre Capital Empleado (RCE/ROCE)

La rentabilidad sobre capital empleado (en inglés *Return on Capital Employed o ROCE*) es una relación financiera que mide la *eficiencia* con la cual una empresa puede generar ganancias o utilidades con su capital empleado o activos existentes. Los negocios con un RCE consistentemente alto tienden a tener una capitalización bursátil más alta que empresas con bajo RCE. El RCE tiene 2 componentes principales, ganancias RCE y el capital empleado promedio.

A lo largo de este libro, el RCE se calcula de la siguiente manera:

- **Ganancias RCE**: Ganancia Neta Atribuible a la Corporación, *más* ciertos ajustables contables que no impactan los flujos de efectivo, *más* gastos por intereses netos de impuestos, *más* la porción de ganancia neta atribuible a participaciones no controladoras.
- **Capital empleado**, el cual se calcula tomando el promedio del balance inicial y final de los Activos Totales *menos* el promedio del balance inicial y final de los Pasivos Corrientes.
- Las ganancias RCE se dividen por el capital empleado promedio y el resultado es RCE.

La Corporación XYZ tuvo una ganancia neta de $80MM y gastos por intereses netos de impuestos de $20MM en 2014. Por lo tanto el numerador ganancia RCE es igual a $100MM. La Corporación XYZ tuvo un balance inicial y final de activos totales de $1,400MM y 1,500MM $ respectivamente. XYZ tuvo un balance inicial y final de pasivos Corrientes de $500MM y $600MM respectivamente. Por lo tanto, el capital promedio empleado para el 2014 fue de $900MM. El numerador RCE de $100MM se divide por el capital promedio empleado de $900MM que da como resultado un retorno sobre capital empleado o RCE del 11.1%.

Para ciertas empresas con una gran cantidad de capital empleado (por ejemplo empresas de oleoductos o gasoductos), el uso de RCE como un indicador puede no ser la medida más adecuada para una evaluación económica completa. Esta diferencia se discute con mayor detalle en el capítulo 3 Midstream.

Rentabilidad en Efectivo sobre Capital Empleado (RECE/CROCE)

Similar a la rentabilidad sobre el capital empleado, la rentabilidad en efectivo por capital empleado o RECE, (en inglés el *Cash Return on Capital Employed*) es un indicador financiero que mide la eficacia de la empresa en la generación de *efecitvo* dado su actual capital empleado. Similar a RCE, tiene 2 componentes principales, el numerador RECE y el capital promedio empleado. La única diferencia en el cálculo es que para el RECE al numerador se le añade los gastos de depreciación y amortización (en inglés el llamado *Depreciation, Depletion & Amortization* o *DD&A*) para arribar a un numerador en términos de generación de efectivo.

A lo largo de este libro, RECE se calcula de la siguiente manera:

- **Numerador RECE**: La ganancia neta total, *más* ciertos ajustables contables que no impactan los flujos de efectivo, *más* gastos por intereses netos de impuestos *más* los gastos de depreciación y amortización.
- **Capital empleado**, el cual se calcula tomando el promedio del balance inicial y final de los Activos Totales *menos* el promedio del balance inicial y final de los Pasivos Corrientes.
- El numerador RECE se divide por el capital empleado promedio y el resultado es RECE.

La Corporación XYZ tuvo una utilidad o ganancia neta de $80MM, los gastos por intereses netos de impuestos fueron de $20MM y los gastos de depreciación y amortización fueron $30MM en 2014. Por lo tanto el numerador RECE es igual a $130MM. La Corporación XYZ tuvo un balance inicial y final de activos totales de $1,400MM y 1,500MM $ respectivamente. XYZ tuvo un balance inicial y final de pasivos Corrientes de $500MM y $600MM respectivamente. Por lo tanto, el capital promedio empleado para el 2014 fue de $900MM. El numerador RECE de $130MM se divide por el capital promedio empleado de $900MM que da como resultado un retorno en efectivo sobre capital empleado o RECE del 14.4%.

Rentabilidad sobre el Patrimonio Promedio (RPP/ROE)

La rentabilidad sobre el patrimonio promedio o RPP, conocido en inglés como *Return on Equity* o ROE, es otro indicador de rendimiento e indica lo *rentable* o *eficiente* que una empresa es comparación con sus competidores. La

RPP también mide cuán efectiva es la empresa en la generación de ganancias dado su nivel actual de patrimonio. En otras palabras, este indicador orienta a los inversores cuán rentable es la empresa dado el capital invertido (en otras palabras el *patrimonio*) que es actualmente propiedad de los accionistas, en lugar de acreedores. La RPP tiene una ventaja sobre el RCE en el hecho de la definición de RPP es bastante universal y comparable entre diversas industrias. El RCE por el contrario, tiene un problema de comparabilidad debido principalmente a que la definición de capital empleado promedio varía *considerablemente* de una compañía a otra. Para fines de este libro, se utiliza el patrimonio neto promedio, lo que incluye el patrimonio de participaciones no controladoras, es decir se usa el patrimonio *total* de la empresa. El patrimonio total promedio se calcula sumando el saldo inicial y final del patrimonio y dividiendo por dos para calcular un patrimonio *promedio*. RPP tiene dos componentes, el primero que es el numerador RPP y el denominador que es el patrimonio promedio.

Para propósitos de este libro, el RPP se calcula de la siguiente manera:

- **Numerador RPP**: Ganancia neta total, incluyendo la ganancia atribuible a participaciones no controladoras.
- **Patrimonio promedio total**: Patrimonio total inicial *más* patrimonio total final y el producto de esta suma se *divide* por dos para calcular un promedio.
- El numerador RPP se divide por el patrimonio promedio total para finalmente calcular el RPP.

En el 2014 la Corporación XYZ obtuvo una utilidad o ganancia neta atribuible a XYZ de $150MM, mientras que la ganancia neta atribuible a participaciones no controladoras fue de $50MM, por lo tanto, la ganancia neta total o numerador RPP fue de $200MM. El patrimonio total inicial fue de $1,000MM, mientras que el patrimonio total (tanto de la corporación como el patrimonio minoritario) al fin del 2014 fue de $1,100MM. El patrimonio promedio es entonces $1,050MM ($1,000MM + $1,100MM/ 2 = $1,050 MM). Las ganancias netas totales de $200MM se dividen por el patrimonio promedio total de $1,050MM para calcular el retorno sobre el patrimonio promedio o RPP de 19% para el 2014.

Dividendos por Acción

Los dividendos es la retribución a la inversión que se otorga con los recursos generados por las ganancias o utilidades de la empresa. La mayoría de las empresas cotizadas en los principales mercados bursátiles mundiales declaran y pagan dividendos cada trimestre *regularmente*. Otras empresas, por el contrario, pagan dividendos *anualmente*, y esta decisión de cuánto pagar por dividendos está sujeta a la aprobación del consejo de administración o junta directiva de la respectiva empresa. Los dividendos pueden ser pagados tanto en efectivo como en acciones. Los dividendos son generalmente expresados en términos de un período de tiempo:

> *El Consejo de Administración de la Corporación XYZ declaró un dividendo trimestral de $0.25 por acción para el segundo trimestre del 2014. El dividendo será pagado a los accionistas registrados el 1 de agosto del 2014.*

Muchas compañías extranjeras petroleras, particularmente aquellas establecidas fuera de EE.UU. o Europa, no ofrecen un dividendo ordinario por trimestre. En su lugar, los dividendos de estas empresas son declarados y aprobados por sus respectivos consejos de administración una vez al año. Estos dividendos pueden variar significativamente de un año a otro en función de varios factores económicos, así como las decisiones de la gerencia. Por el contrario, las empresas más establecidas ofrecen pagos constantes de dividendos trimestrales o anuales que *podrían considerarse fijos* y altamente *predecibles*.

A modo de ejemplo, la junta directiva de Petrobras aprueba y declara un dividendo anual, el cual se basa en varios factores (flujos de caja de las operaciones, pagos de deuda futuros, gastos de capital, perspectivas del precio del petróleo, etc...) y luego proceden a pagar este dividendo una vez al año. El Consejo de Administración de Petrobras se reunió en abril de 2014 y aprobó un dividendo anual de $0.4799 por cada acción ADR[56]. Dependiendo de las circunstancias de los flujos de efectivo en el futuro, el consejo de Petrobras podrá decidir *declarar o no declarar* un dividendo en períodos futuros.

En contraste, los dividendos de ExxonMobil fueron de $0.69 por *trimestre* en el cuarto trimestre del 2014 y fue incrementado posteriormente en el segundo trimestre del 2015 a $0.73 por acción[57]. Se espera que los dividendos de ExxonMobil por trimestre continúe siendo $0.73 por acción hasta el próximo año 2016 cuando el consejo de administración probablemente lo *incremente*. La probabilidad de que una empresa como la

---

[56] http://investidorpetrobras.com.br/en/notices-and-facts/material-fact-payment-of-interest-on-own-capital-13.htm
[57] http://news.exxonmobil.com/press-release/exxon-mobil-corporation-declares-second-quarter-dividend-5

ExxonMobil *reduzca* o *suspenda* sus pagos de dividendos es *baja* en comparación con otras empresas.

Rentabilidad por Dividendo (RD)

La rentabilidad por dividendo se calcula al tomar los dividendos por año *dividiendo* esta suma por el precio de la acción actual de la empresa. El precio de la acción utilizado en este libro es el precio de cierre al 31 de diciembre del 2014. Los dividendos pagados por cada trimestre en período son anualizados, en otras palabras, si una empresa paga $0.25 por acción cada trimestre, esto se traduce en $1.00 por acción por año.

La Corporación XYZ tenía dividendos anuales de $1.00 por acción en el 2014, mientras que el precio de sus acciones a fin de año fue de $10.00 por acción. Por lo tanto, la rentabilidad por dividendo de XYZ es simplemente $1.00 por acción dividido por $10.00 por acción, o 10%.

La rentabilidad por dividendo es uno de los indicadores más utilizados en la industria financiera para evaluar la capacidad de ganancia o *rendimiento* de una empresa. En el actual entorno del mercado de valores, los rendimientos de dividendos de muchas empresas son favorables en comparación con los promedios históricos y otras inversiones, como los bonos.

Tradicionalmente, las empresas petroleras pueden ser clasificadas en términos de *menor* a *mayor* rentabilidad por dividendo de la siguiente manera:

- Empresas de exploración y producción más pequeñas a medianas. Generalmente este tipo de empresa no emiten o pagan dividendos.
- Empresas de servicios petroleros (ESP).
- Empresas independientes de refinación (EIR).
- Las grandes compañías independientes de exploración y producción (EIEP)
- Empresas Petroleras Integradas de EE.UU.
- Empresas Petroleras Integradas de Europa, ya que debido a sus políticas de dividendos, han distribuido históricamente más a sus accionistas en forma de *dividendos* y menos por la vía de *recompra de acciones* que sus competidoras estadounidenses
- Empresas Midstream (EM)

Gastos de Capital (CAPEX)

En un negocio intensivo de capital tal como la industria petrolera, los gastos de capital, conocidos en inglés como *Capital Expenditures* o CAPEX, son esenciales con el fin de seguir proporcionando ganancias futuras a los accionistas. El CAPEX es particularmente importante en el sector de exploración y producción, ya que estos gastos son necesarios con el fin de manejar y reducir la caída natural de la producción de hidrocarburos. Sin nuevas perforaciones y descubrimientos de yacimientos de hidrocarburos cada año, una empresa de exploración y producción se *consumiría* literalmente sus activos cada año sino repone su producción perforando nuevos pozos y así aumentar la producción de hidrocarburos.

Las cifras gastos de capital se encuentran en la sección de actividades de inversión del estado de flujos de efectivo o *cash flow statement*, similar al siguiente ejemplo:

Flujos netos de efectivo de actividades de inversión	$MM
Gastos de capital y adquisiciones de propiedades, plantas y equipos	(1000)
Ingresos por ventas de activos y planta	500
Préstamos a compañías afiliadas	(100)
Efectivo neto usado en las actividades de inversión	(600)

Tradicionalmente, los siguientes sectores de la industria de petróleo y gas han sido los más intensivos en cuanto a gastos de capital se refiere, lo que requiere un alto nivel *continuo* de gastos de capital para *mantener* y posiblemente *incrementar* sus ganancias futuras:

- **Exploración y Producción** requiere de grandes cantidades de gastos de capital durante períodos prolongados de tiempo con el fin de reducir los declives naturales e inherentes de producción de hidrocarburos en los campos petroleros. Es importante recalcar que estos gastos suelen *incrementar* con el nivel general de actividad en la industria. Este alto nivel de CAPEX por largos períodos de tiempo puede llegar a afectar el flujo de caja libre de una compañía de exploración y producción. Por otro lado, uno de los grandes beneficiarios de un nivel alto de CAPEX son las empresas proveedoras de servicios petroleros.

- **Midstream** (por ejemplo tuberías, plantas de gas natural licuado, entre otros), requiere de gastos de capital significativos principalmente en la *fase inicial* de construcción de activos tales como un fraccionador de LGN, planta de gas, tuberías y oleoductos u otros activos de gran costo en este sector. Los gastos de capital también son necesarios para incrementar las ganancias mediante la adquisición y desarrollo de activos adicionales a lo largo de los años. Una vez que un oleoducto, planta de GNL o cualquier otro activo midstream es construido, los gastos de capital necesarios para mantener el activo en buenas condiciones operativas son *relativamente* bajos en comparación con la inversión inicial. Una inversión inicial en un activo midstream puede estar en los millones o incluso miles de millones de dólares, teniendo estos activos una vida útil de varias décadas (por lo general en el rango de 3-5 décadas o incluso más).

- **Empresas de Servicios**, dependiendo de los productos y el sector que estas empresas trabajen, pueden tener niveles bajos a medios de gastos de capital. Las empresas de servicios que arriendan equipos, tales como taladros de perforación, por lo general tienen mayores gastos de capital que aquellas que prestan servicio a las compañías downstream.

- **Downstream**, similar a Midstream, tiene unos gastos de capital *recurrentes* relativamente *modestos* en comparación con upstream. Una vez que una refinería o terminal han sido construidos, la cual requieren una gran inversión inicial, los gastos de capital requeridos para mantener el activo en buenas condiciones operativas es relativamente modesto en comparación con la inversión inicial. En el área de refinación, ciertos proyectos a corto plazo, de relativo bajo gasto y alto rendimiento se pueden realizar, tales como descongestionar ciertas unidades de procesamiento de crudo en una refinería existente para así poder tener una mayor capacidad de procesamiento de determinados tipos de crudos. Este tipo de proyectos pequeños se pueden observar recientemente en los EE.UU., donde varias refinerías están añadiendo o ampliando sus unidades de destilación de crudo para permitir un incremento en el procesamiento de la creciente producción de crudos ligeros en ese país. Al igual que en las plantas de GNL, una vez que una refinería se construye, los gastos de mantenimiento extendido (en inglés *turnarounds*) son relativamente pequeños en comparación con la inversión inicial para construir la refinería.

Flujo de Efectivo por Actividades de Operación (FEAO)

El indicador de flujos de efectivo por actividades de operación o FEAO (en inglés el llamado *Cash Flow from Operations*) es simplemente el efectivo generado por las operaciones de la compañía. El FEAO es un indicador de la capacidad de la empresa para financiar los gastos de capital, así como el pago de dividendos a accionistas o pagos de deuda a acreedores.

El flujo de caja de las operaciones es un indicador ampliamente utilizado en el mundo de las finanzas. Los flujos de efectivo operativos se encuentran en los estados de flujos de efectivo de una empresa, en la sección de operaciones.

FEAO *generalmente* se calcula como sigue:

- Ganancia o utilidad neta *más*
- Gastos de depreciación y amortización *más*
- Gastos de pozos no exitosos (*dry hole expense*) *más*
- Ganancia o pérdida por variaciones en las tasa de cambio de moneda extranjera (en inglés *Foreign Exchange effects*)
- +/- Ajustes por ingresos diferidos
- +/- Ajustes en el capital de trabajo
- +/- Ganancia o Pérdida Neta en las ventas de activos

Cualquier empresa que proporciona un estado de flujos de efectivo ya de por sí proporciona un flujo de efectivo de las operaciones, por lo que, por lo general, no se requiere que este indicador sea calculado de manera independiente.

Flujo de Efectivo Libre (FEL)

Flujo de caja o flujo de efectivo libre (en inglés *Free Cash Flow*) es un indicador financiero utilizado para analizar cuánto es el flujo de efectivo disponible para pagar dividendos a los accionistas y la capacidad de pago de deuda a acreedores. Este indicador también se utiliza para medir el efectivo total disponible que se genera a partir de operaciones de la empresa.

El flujo de caja libre se calcula como sigue:

- Flujos de Efectivos por Actividades de Operación (FEAO) *menos* los gastos de capital o CAPEX

   La Corporación XYZ tenía flujos de efectivo de las operaciones (FEAO) en el 2014 de $200MM y gastos de capital de $50MM; por lo tanto, el flujo de caja libre es de $150MM.

Algunas compañías refinan aún más este indicador substrayendo solamente los gastos de capital "de mantenimiento o sostenimiento" que son los que mantienen los equipos y activos existentes en buenas condiciones operativas.

Porcentaje del FEAO dedicado a Dividendos

Este indicador permite a un inversionista medir rápidamente qué tan *seguro* o *predecible* será el dividendo de una empresa. Las empresas con un bajo porcentaje de FEAO dedicado a los dividendos tienen más capacidad financiera para no sólo *mantener* el dividendo actual, incluso en entornos económicos difíciles, sino también *incrementar* sus dividendos a través de los años. Para los propósitos de este libro, este indicador se calcula de la siguiente manera:

- Los dividendos totales *divididos* por los flujos de efectivos de actividades operativas (FEAO) para llegar a este indicador.

  La Corporación XYZ, según su estado de flujos de efectivos, pagó dividendos de $100MM a los accionistas en el 2014, mientras que el FEAO de acuerdo con el mismo estado financiero fue de $500MM. Por lo tanto, el porcentaje de FEAO dedicado a dividendos en el 2014 fue del 20%.

Muchas empresas en la industria petrolera dedican un porcentaje *relativamente* bajo de los FEAO a los dividendos. Especialmente en el sector de exploración y producción, las empresas dedican un porcentaje bajo de FEAO a los dividendos, debido al hecho de que una parte significativa de esos flujos de efectivos se tienen que *reinvertir* en el negocio como gastos de capital o CAPEX. Se requieren estos flujos de efectivo no sólo para mantener la producción de hidrocarburos base y sino para también ampliarla a lo largo de los años; por lo tanto, un porcentaje relativamente bajo de los flujos de efectivo de las operaciones es dedicado a los dividendos. En general se puede decir que la mayoría de empresas en el negocio del petróleo y gas tienen un nivel bastante conservador de dividendos.

Rentabilidad Total del Accionista (RTA)

La rentabilidad total de accionista o RTA, conocida en inglés como el *Total Shareholder Return* o *TSR* es uno de los indicadores financieros de empresas más ampliamente utilizado para evaluar y compara el rendimiento de empresas en diversos sectores. La RTA a lo largo de este libro se calcula de la siguiente manera:

- Precio de la acción al cierre del año *menos* el precio de la acción al comienzo del año *más* los dividendos pagados a los accionistas durante el año.
- El resultado anterior se *divide* por el precio de la acción a principios de año.

El precio de cierre de la acción de la Corporación XYZ al 31 de diciembre del 2014 fue $50.00, mientras que el precio de la acción al 31 de diciembre del 2013 fue de $40.00. La XYZ pagó dividendos a los accionistas de $4.00 por acción durante el año 2014. Por lo tanto, $50 menos $40 más $4.00 es igual a $ 14, que luego se divide por $40 por acción para llegar a una RTA del 35% en el 2014.

Actualmente, las compañías de petróleo y gas están ofreciendo rentabilidades por dividendo relativamente altas en el mercado de valores. Es importante mencionar que el mayor componente de la RTA en el sector petrolero, es la reinversión de dividendos en la compra de acciones adicionales. Esta reinversión, a través de los años, genera un efecto similar al interés compuesto.

Tenga en cuenta, que la RTA calculada en este libro *no asume* que los dividendos se reinvierten para el período de 1 año. Históricamente, una gran parte de la rentabilidad total para los accionistas de las empresas se ha logrado a través de la *reinversión* de los dividendos en la compra de *más* acciones en lugar de "cobrar dividendos" como ingreso corriente.

Ratio de Deuda sobre Patrimonio (RDP)

El ratio de deuda sobre patrimonio, RDP, o mejor conocido en inglés como *debt-to-equity ratio* es un indicador de la situación financiera de una empresa que sirve para calcular la cantidad de apalancamiento de deuda (en inglés *debt leverage*) que una empresa está empleando *versus* su capital propio o patrimonio de los dueños. Una alta proporción de deuda en comparación con el patrimonio durante un *período sostenido* de tiempo significaría que situación financiera sería menos fuerte que sus competidores. El indicador calculado en este libro incorpora tanto la parte de la deuda a *largo plazo* como también la porción de endeudamiento que tenga que ser pagada en menos de 1 año, lo cual refleja la deuda total de la empresa. El denominador es el patrimonio total, que incluye la parte del patrimonio de participaciones no controladoras. El cálculo de este ratio se hace de la siguiente manera:

- La deuda total, incluyendo tanto la porción corriente de la deuda a largo plazo más la deuda a largo plazo o no corriente para ser entonces *divido* por el patrimonio total.

La Corporación XYZ en el 2014, según su hoja de balance o situación financiera, tenía una porción circulante de la deuda a largo plazo de $100MM mientras que la deuda a largo plazo en la sección de pasivo no corriente en el estado de situación financiera fue de $900MM. La XYZ tenía un patrimonio total a fin de año de $5000MM, que incluye una parte de la participación no controladora de $500MM. Por lo tanto, la XYZ tenía un ratio de deuda a patrimonio o RDP de $1000MM dividido por $5000MM o en otras palabras un 20% al cierre del año 2014.

Capítulo 2 – Upstream
"Fallé mi camino al éxito." – Thomas Edison

Información General de Upstream

Upstream o Aguas Arribas, también conocido como Exploración y Producción (E y P), es el más grande y tradicionalmente el sector con las mayores ganancias en la industria petrolera. E y P también es históricamente el sector con el nivel de gastos de capital *recurrentes* más alto en comparación con Midstream y Downstream.

Upstream está involucrado en explorar, encontrar, desarrollar y producir petróleo crudo y gas natural. El énfasis principal del negocio de upstream está en incrementar la producción de hidrocarburos y en el mantenimiento de un alto nivel de ganancias netas por barril. Los hidrocarburos son bienes fungibles; por lo tanto, las empresas de exploración y producción no suelen necesitar gastar recursos en publicidad para vender sus productos. Esto es en contraste (en una medida) con el negocio downstream, donde se necesitan *relativamente* grandes gastos de marketing y publicidad para preservar o aumentar la cuota de mercado de una determinada marca de combustible o lubricantes.

Riesgo de Precios

El negocio de upstream es muy sensible a los precios generales del petróleo crudo, gas natural y líquidos de gas natural, en contraste con el negocio downstream, que es principalmente un negocio de *margen*. En otras palabras, downstream depende de la *diferencia* entre las *entradas* (petróleo crudo y otros hidrocarburos crudos) o *inputs* y *salidas* (productos refinados, como la gasolina o diésel) u *outputs*. El modelo de negocio de upstream se puede equiparar a al negocio de la *minería*, mientras que downstream se puede comparar a un negocio de *manufactura*.

Los precios del petróleo crudo, gas natural y LGN pueden ser volátiles y experimentan fluctuaciones significativas de precios dentro de un período relativamente corto de tiempo. En el año 2008, los precios del crudo estaban alrededor de $145 por barril en el verano del 2008 y ya para Diciembre del 2008 los precios estaban cerca de $30 por barril[58]. Los diferentes tipos de empresas que participan en upstream tienden a gestionar estos riesgos de manera diferente:

- Las **compañías de petróleo y gas integradas** gestionan estos riesgos en virtud de tener un modelo de negocio *integrado*, con operaciones en upstream, midstream y downstream. Cuando los

---

[58] http://www.eia.gov/dnav/pet/hist/LeafHandler.ashx?n=PET&s=RWTC&f=D

precios del crudo están **altos** y los precios de los productos refinados se encuentran **rezagados** en comparación con el aumento del costo del petróleo crudo, el segmento de upstream de una empresa integrada tiende a tener un desempeño *superior* al downstream. Por el contrario, cuando los precios del petróleo crudo y de gas natural se encuentran relativamente bajos, como es el caso en la actualidad del 2014 al 2015, las operaciones de downstream de estas empresas integradas se benefician por tener *bajos costos* de sus principales materias primas, los cuales son el petróleo crudo y el gas natural, y por lo tanto, obtienen mayores márgenes operativos, los cuales ayudan a *contrarrestar* los efectos de los bajos precios del petróleo en sus operaciones de exploración y producción.

- Las **grandes compañías independientes de exploración y producción** gestionan estos riesgos mediante la reducción de los costos de operación en el tiempo a través de la aplicación de mejores tecnologías para ser más rentables. Estas empresas también pueden tener operaciones comerciales y trading que capturan oportunidades de arbitraje comercial. También estas empresas pueden tener actividades de *hedging* o cobertura[59], para así poder garantizar un cierto margen durante un período de tiempo y enfocarse en su actividad principal, la producción de hidrocarburos.

- Las **pequeñas empresas independientes de exploración y producción** suelen tener programas de *hedging o* cobertura para mitigar esta volatilidad de precios. Estos programas de cobertura surgen debido a varias razones. Tener la producción de petróleo y gas cubierta o *hedged* con un precio garantizado por uno, dos o más años usualmente es un requisito derivado de los préstamos bancarios que estas empresas contraen, los cuales garantizan flujos de efectivos para poder pagar estos créditos. Otra razón para que una pequeña empresa de exploración y producción pueda tener un programa de cobertura es simplemente para garantizar unos flujos de efectivos *predecibles* y por lo tanto aumentar la producción en el tiempo sin tener que estar sujeto, *por un período limitado de tiempo*, a las fluctuaciones de precios de su más importante materia prima de venta, el petróleo crudo.

---

[59] El *hedging* o cobertura de precios del crudo es la actividad de realizar una inversión para contrabalancear o mitigar los efectos de los bajos precios del petróleo en los flujos de efectivos de una empresa Upstream. Para mayor información visite: http://www.theoptionsguide.com/crude-oil-futures-long-hedge.aspx

Indicadores de Upstream

El sector upstream tiene muchos indicadores particularmente adaptados a las actividades de exploración y producción:

- Producción diaria de hidrocarburos
- Ganancia neta por barril
- Efectivo por barril
- Precio promedio obtenido por BPE
- Reservas probadas de petróleo
- Reservas probadas de *petróleo e hidrocarburos líquidos* como porcentaje de las reservas probadas *totales* de hidrocarburos
- Capitalización de mercado dividido por las reservas probadas
- Tasa de Reemplazo de las Reservas
- Producción diaria en BPE divido por pozo productivo neto[60]

Los indicadores como el RCE también se pueden aplicar al segmento upstream de una empresa integrada, así como también a una empresa de E y P totalmente independiente.

Producción diaria de hidrocarburos

La producción total de petróleo y gas o *hidrocarburos* se calcula en términos de barriles de petróleo equivalente (BPE), el cual convierte la producción de gas natural utilizando una proporción de 6MPC por barril. En otras palabras, 6,000 pies cúbicos de gas tienen el mismo contenido energético que 1 barril de petróleo. La producción diaria de hidrocarburos es generalmente citada en miles de barriles de petróleo equivalente por día (MBPED). En el caso de las grandes empresas, la producción total de hidrocarburos también puede ser reportada en términos de millones de barriles de petróleo equivalente por día (MMBPED). La producción diaria de hidrocarburos también se suele dividir entre el componente que proviene del petróleo crudo e hidrocarburos líquidos versus la porción que proviene del gas natural. La importancia de este desglose es el hecho de que en algunos países, el petróleo y los hidrocarburos líquidos son generalmente más valiosos que el gas natural.

En el 2014, la empresa XYZ de exploración y producción produjo 5,000BPD de petróleo crudo y 60,000MPC de gas natural por día. Por lo

---

[60] Neto en el contexto del porcentaje de participación o interés de una empresa. Si una empresa posee una participación del 50% sobre 1,000 pozos, entonces su número *neto* de pozos es 500.

tanto, la producción total de hidrocarburos de la empresa XYZ es de 15,000BPED en el 2014.

La producción diaria de hidrocarburos es un indicador clave utilizado ampliamente para clasificar las empresas en la industria petrolera. Este indicador usualmente se reporta como *producción neta atribuible a la sociedad*, lo que significa que una empresa sólo reportará su *participación neta de la producción*. La producción neta es calculada como la producción bruta o al 100% multiplicado por el interés del concesionario, más comúnmente llamado el *working interest share* en inglés, el cual *excluye* la porción de producción de hidrocarburos que le corresponde al dueño de los derechos minerales[61] y otros concesionarios.

Ganancia neta por barril

La ganancia neta por barril es un indicador de qué tan rentables son las operaciones de E y P de una empresa petrolera. Una compañía con un portafolio de operaciones de alta calidad, funcionando de una manera eficiente, controlando costos y aumentando los ingresos tiende a tener mayores ganancias netas por barril que sus competidores.

La ganancia neta por barril también pueden dar una indicación, en función de las condiciones del mercado, de cómo se compone la cartera de activos de Upstream de una empresa, es decir qué porcentaje de los pozos de la compañía producen gas natural versus petróleo. Al momento de la redacción de este libro, en particular en los mercados de América del Norte, el gas natural es vendido a gran descuento en *comparación* con el precio del petróleo crudo, el cual supera la proporción tradicional de 6 mil pies cúbicos por 1 barril de petróleo. Por lo tanto, en este entorno de mercado con bajos precios del gas natural, una empresa con más activos productores de petróleo en su cartera tendría a tener *mayores* ganancias netas por barril que una empresa con más activos de gas natural.

Las ganancias netas por barril se calculan de la siguiente manera:

- Ganancias netas de las operaciones Upstream de un período *más* ciertos ajustables contables (usualmente los que no impactan los flujos de efectivo). En otras palabras, este denominador es igual a las ganancias netas *ajustadas* o en inglés *adjusted earnings*.

---

[61] Los derechos minerales, por lo general, son propiedad del Estado en la mayoría de países en el mundo. La excepción a esta regla es que en ciertos estados de los EE.UU., los derechos minerales o el *subsuelo* pueden ser propiedad de individuos o empresas. Para más información visite http://geology.com/articles/mineral-rights.shtml

- Las ganancias netas ajustadas de las operaciones upstream *se dividen* por la producción total de hidrocarburos del período atribuible a la empresa, usualmente un año y en barriles de petróleo equivalente o BPE.

   En el 2014, la Corporación XYZ obtuvo en sus operaciones Upstream ganancias netas ajustadas de $100MM, y su producción anual de hidrocarburos fue de 4MMBPE; por lo tanto, las ganancias netas por barril en el 2014 fueron de $25.

Efectivo generado por barril

Similar a las ganancias netas por barril, este indicador es útil para evaluar la cantidad de efectivo que una empresa está generando por cada barril de hidrocarburos que produce. Este indicador se calcula de la siguiente manera:

- Ganancias netas ajustadas *más* gastos de depreciación, agotamiento y amortización (DAA) del período.
- Esta cantidad *se divide* por la producción total de hidrocarburos del período.

Dado que el componente más grande para ajustar los ingresos netos de nuevo a una base de generación de efectivo son los gastos de depreciación, agotamiento y amortización, este indicador también es útil para mostrar cuánto se ha incurrido en gastos de DAA por cada barril que se produce.

   En el 2014 la empresa XYZ obtuvo una utilidad neta de $150MM, gastos de DAA de $50MM y una producción anual de 4MMBPE; por lo tanto, se puede decir que la empresa XYZ generó flujos de efectivo de $50 por cada barril que produjo en el 2014.

Precio promedio obtenido por BPE

El precio promedio obtenido por BPE es un indicador muy usado en la industria petrolera y que de una manera u otra refleja la cantidad de producción y ventas de hidrocarburos de una empresa que provienen del *gas natural* o *el petróleo crudo*. Por ejemplo, si el petróleo crudo se cotizó en el 2014 por $70 por barril, en promedio, y el gas natural a $4 por MPC y el precio promedio obtenido reportado por la empresa fue de $40 por barril para este mismo período, ¿Qué indica esto? La primera conclusión que se puede hacer es que una parte *sustancial* de las actividades de la empresa están relacionadas con la producción de gas natural, que en efecto *reduce* el precio promedio *obtenido* por barril de petróleo equivalente, dado que el gas natural tiene un precio mucho más bajo que el petróleo. La segunda inferencia que puede hacerse es que la calidad del petróleo crudo que la empresa produce pudiera ser más baja en comparación con un precio de referencia de mercado como el West Texas Intermediate (WTI) o el Brent. En otras palabras, si la producción de una empresa es 100% de petróleo, pero el precio promedio obtenido por barril está por debajo del precio de mercado de petróleo crudo, entonces esto podría indicar que los crudos producidos por la compañía sean demasiado pesados, agrios, situados en un zona muy lejana de un centro de mercado o de alguna otra forma que se venda a descuento en comparación con un petróleo crudo de referencia. Para las empresas de exploración y producción más pequeñas, los acreedores pueden requerir que una cierta parte de la producción de la compañía se cubra o tenga *hedging* para sus ventas futuras, por lo que los efectos de estas coberturas también se pueden observar si el precio promedio obtenido por BPE está significativamente por *encima* o *debajo* del precio de mercado. Este indicador también nos puede indicar cuán *eficaz* es la empresa en la comercialización de su propia producción de hidrocarburos.

Este indicador se puede calcular de la siguiente manera:

- Ventas totales de las actividades de Upstream en el año *dividido* por la producción anual de hidrocarburos en BPE.

    La empresa XYZ obtuvo ventas totales en sus operaciones Upstream de $100MM y tuvo una producción anual de hidrocarburos de 2MMBPE. Por lo tanto, XYZ obtuvo un precio promedio por BPE de $50. En comparación, el precio promedio de mercado del petróleo crudo de referencia fue de $100 por barril, mientras que los precios de gas natural fueron de $ 4.50 por MPC (en otras palabras $27 por BPE).

Mediante la comprensión del por qué el precio promedio por BPE es menor al precio de referencia del mercado, los siguientes supuestos se pueden hacer:

- La empresa de exploración y producción XYZ tiene una alta proporción de gas natural en relación a su producción total de hidrocarburos.
- La empresa está produciendo petróleo crudo que actualmente se vende a *descuento* en el mercado.

- Los esfuerzos de comercialización de la empresa no son eficaces en comparación con otras empresas
- Una posible combinación de ambos casos.

El precio promedio obtenido por la compañía XYZ de exploración y producción es más bajo que el precio del crudo de referencia, lo que indica una cartera de activos más orientada hacia el gas natural que el petróleo. Para entender mejor la producción de hidrocarburos de una empresa, este indicador debe ser revisado en conjunto con el indicador de la producción total de petróleo y gas y tener un mejor entendimiento de qué porcentaje de la producción proviene de gas natural frente a petróleo crudo.

Reservas de hidrocarburos - Reservas Probadas

Los hidrocarburos, al igual que cualquier otra materia prima en la tierra, son un recurso agotable y finito. En las operaciones de exploración y producción, un componente clave de la estrategia de una empresa es incrementar sus *reservas probadas* a través del tiempo y convertir los *recursos* existentes en *reservas* y, posteriormente, producir económicamente esas reservas.

Las reservas probadas se definen como sigue:

> *Las reservas de petróleo y gas probadas son las cantidades de petróleo y gas, que, mediante el análisis de los datos de geociencias e ingeniería, se puede estimar con una certeza razonable de ser económicamente producibles... La estimación de reservas probadas es un proceso continuo basado en rigurosas evaluaciones técnicas, comerciales y evaluación del mercado, y el análisis detallado de la información de cada pozo, así como las tasas de producción y presión del yacimiento.* [62]

Las reservas de hidrocarburos probadas son un requisito esencial para las operaciones de exploración y producción. El exitoso crecimiento de esas reservas con el tiempo puede ser la diferencia entre una empresa que va a la quiebra y una con creciente éxito. En el negocio de upstream, cada vez que se produce un barril de petróleo o pie cúbico de gas natural, la empresa debe encontrar y desarrollar un barril *adicional* de reservas con el fin de *no agotar las reservas probadas* de ese año.

Las reservas también juegan un papel clave en la valoración económica de las operaciones de upstream alrededor del mundo. Las empresas tienen

---

[62] ExxonMobil Corp Reporte 10-K 2013, página 56

varias maneras de incrementar sus reservas, ya sea a través de lo que se llama "crecimiento orgánico", es decir, a través de la exploración, descubrimiento, perforación y desarrollo de sus propias reservas o mediante adquisiciones. Una empresa puede hacer crecer sus reservas a través de adquisiciones de pozos de otras empresas o la adquisición directa de competidores más pequeños o incluso fusionarse con competidores de tamaño similar. Tal fue los casos de las fusiones de las grandes empresas integradas en los años 1990 y a principios del 2000, con fusiones como:

- BP y Amoco en 1998
- Exxon y Mobil en 1999
- Chevron y Texaco en 2001
- Conoco y Phillips en 2002

Las reservas probadas son un indicador útil, ya que puede servir como una herramienta para clasificar tanto el *tamaño* como la *valoración* de las empresas de exploración y producción. Por lo general, las empresas con mayores reservas probadas tendrán una capitalización de mercado superior a la de sus competidores.

El siguiente diagrama (en inglés) en la siguiente página de la Sociedad de Ingenieros Petroleros (*Society of Petroleum Engineers* en inglés, mejor conocida como SPE[63]), ampliamente conocido como el Sistema de Gestión de Reservas de Petróleo (en inglés el PRMS), es muy informativo en cuanto a la descripción de lo que son "reservas probadas", y cómo se compara con otra clasificación de las reservas, así como describir que son "los recursos":

---

[63] Petroleum Reserves Management System, SPE 2007

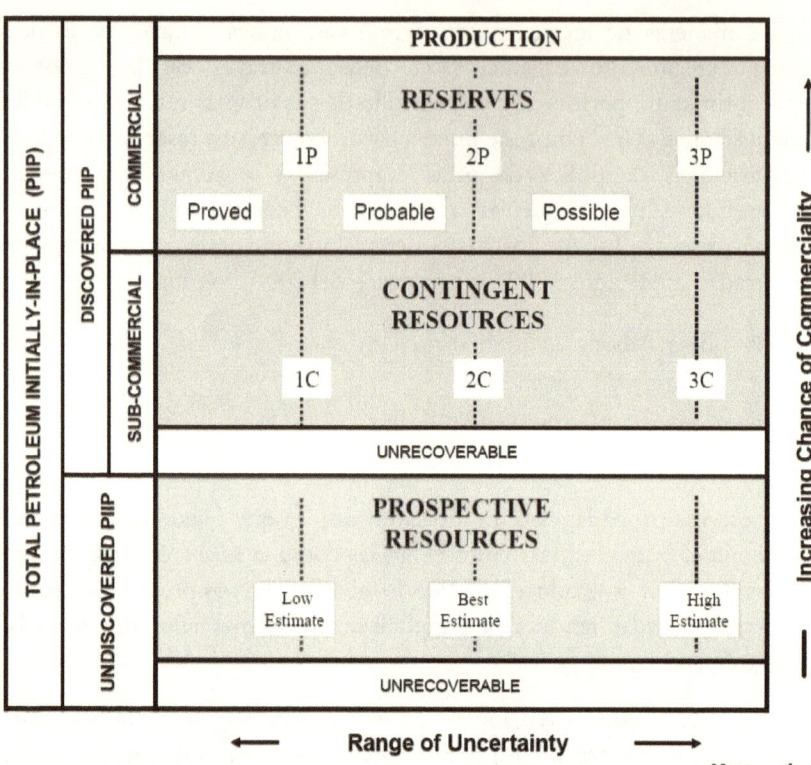

La mayoría de las empresas reportan externamente las llamadas "reservas **probadas**" o la categoría 1P, pero también pueden reportar adicionalmente las llamadas "reservas **probables**" o 2P. Algunas empresas pueden incluso a veces referenciar en ciertos de sus reportes los llamados **"recursos"**, que tiene un mayor grado de incertidumbre que las reservas *probadas* y que las reservas *probables*. El PRMS constituye en gran parte la base teórica para que las empresas registradas en la Comisión de Valores de EE.UU. o SEC reporten sus reservas de hidrocarburos[64] y así los inversionistas en la bolsa pueden usar esas cifras para hacer sus estimaciones. El particular sistema de reportar reservas de hidrocarburos usado por la SEC es ampliamente seguido por muchas compañías de petróleo y gas en todo el mundo, incluyendo muchas de las compañías petroleras estadales referenciadas en este libro, tales como PEMEX y PDVSA[65].

---

[64] SEC Modernization of Oil and Gas Reporting, 2010.
[65] Ver los resultados de PDVSA o PEMEX, donde referencia el método de la SEC para las reservas de hidrocarburos.

Capítulo 2 – Upstream 71

A continuación se muestra la definición completa de lo que son las reservas **probadas, probables** y **posibles** del Sistema de Gestión de las Reservas de Petróleo de la SPE:

*Las **reservas probadas** son las cantidades de petróleo que, mediante el análisis de los datos de geociencias e ingeniería, se pueden estimar con una certeza razonable de ser comercialmente recuperables, a partir de una data determinada, de yacimientos conocidos y bajo condiciones económicas, métodos de operación, y regulaciones gubernamentales definidas. Si se utilizan métodos deterministas, el término "certeza razonable" pretende expresar un alto grado de confianza en que se recuperarán las cantidades de hidrocarburos. Si se utilizan métodos probabilísticos, debe haber por lo menos un 90% de probabilidad de que las cantidades realmente recuperadas sean iguales o superiores a la estimada. [66]*

*Las **reservas probables** son aquellas reservas adicionales que el análisis de los datos de geociencias e ingeniería indican tienen menos probabilidades de ser recuperadas que las reservas probadas, pero más seguro de ser recuperadas que las reservas posibles. Es igualmente probable que las cantidades restantes reales recuperadas serán mayores o menores que la suma de las reservas estimadas Probadas más las Reservas Probables (2P). En este contexto, cuando se utilizan métodos probabilísticos, debe haber por lo menos un 50% de probabilidad de que las cantidades reales recuperadas serán iguales o superiores a la 2P estimada. [67]*

*Las **reservas posibles** son aquellas reservas adicionales que el análisis de los datos de geociencias e ingeniería sugieren son menos propensas a ser recuperables que las reservas probables. Las cantidades totales en última instancia recuperadas del proyecto tienen una baja probabilidad de exceder la suma de reservas probadas más probables más posibles (3P), lo que equivale a la situación de alta estimación. En este contexto, cuando se utilizan métodos probabilísticos, debe haber por lo menos un 10% de probabilidad de que las cantidades reales recuperadas serán iguales o superiores a la 3P estimada. [68]*

Las reservas probadas son las cantidades estimadas de petróleo crudo y gas natural en yacimientos conocidos que, con razonable certeza, se podrán recuperar en el futuro bajo las condiciones económicas y operativas actuales[69]. Debido a la incertidumbre inherente y al carácter limitado de los

---

[66] Petroleum Reserves Management System, SPE 2007, páginas 10 y 11
[67] Ibid
[68] Ibid
[69] Fuente: PDVSA, página 119, documento 1643.pdf, Estados Financieros Consolidados

datos sobre los yacimientos, las estimaciones de las reservas están sujetas a modificaciones, a través del tiempo, a medida que se dispone de mayor información. Las reservas probadas no incluyen los volúmenes adicionales que podrían resultar de extender las áreas exploradas actuales, o de la aplicación de procesos de recuperación secundaria que no han sido ensayados y calificados como económicamente factibles.

Las reservas probadas se pueden clasificar aún más en las reservas probadas **desarrolladas** y las reservas probadas **no desarrolladas**:

> *Las reservas probadas **desarrolladas** son aquellos volúmenes que se espera recuperar a través de pozos existentes con equipos y métodos operativos existentes o en los que el costo del equipo requerido es relativamente menor en comparación con el costo de un nuevo pozo.*

> *Reservas probadas **no desarrolladas** son aquellos volúmenes que se espera recuperar de nuevos pozos en la superficie sin perforar, o de los pozos existentes en donde se requiere un gasto relativamente importante para completar el pozo de nuevo*[70].

A lo largo de este libro, se utiliza la definición de la SEC de las reservas probadas de hidrocarburos. La mayoría de las empresas, incluso las que no están obligadas a presentar datos ante la SEC, utilizan la definición de la SEC de reservas probadas.

> *La empresa XYZ de exploración y producción tenía, a finales del 2014, 100 millones de BPE de hidrocarburos en reservas probadas. De estos 100 millones BPE, 70% o 70MMBPE se consideran reservas probadas **desarrolladas**. Además, la compañía mencionó durante una presentación a los inversionistas que la empresa posee recursos totales de 500MMBPE, pero los llamados recursos no forman parte de la metodología oficial la SEC de reservas probadas y asociadas*[71].

---

[70] ExxonMobil Corp 2013 Reporte 10-K

[71] El siguiente artículo de Bloomberg provee interesantes detalles alrededor del impacto de las diferentes categorías de reservas y recursos http://www.bloomberg.com/news/2014-10-09/ceos-tout-reserves-of-oil-gas-revealed-to-be-less-to-sec.html

Porcentaje de reservas de hidrocarburos líquidos *versus* las reservas de Gas natural

Otra forma de evaluar las reservas probadas es categorizar cuánta cantidad de estas reservas probadas provienen del petróleo crudo y otros hidrocarburos líquidos en comparación con las reservas provenientes del gas natural.

Este indicador es particularmente útil, sobre todo cuando las condiciones del mercado colocan un valor más alto al petróleo crudo que al gas natural, el cual influye en la rentabilidad y valoración de mercado global de una compañía de exploración y producción. Si, por ejemplo, los precios del gas natural están en un entorno económico difícil, el mercado entonces tendería a colocar un valor superior a empresas con mayores reservas de petróleo crudo y líquidos sobre empresas con altas reservas de gas natural. Tal es el caso en el mercado de América del Norte en la actualidad, donde el gas natural se vende a un descuento en comparación con el petróleo crudo.

Para calcular de este indicador:

- El total de reservas probadas de petróleo y líquidos del gas natural *dividido* por el total de reservas probadas de hidrocarburos.
- En consecuencia el porcentaje de las reservas de gas natural será el número restante.

La empresa XYZ de exploración y producción tenía reservas totales probadas de 100MMBPE, de los cuales 55MMBbl o el 55% eran reservas probadas de petróleo crudo y líquidos del gas natural, con el 45% restante siendo reservas probadas de gas natural.

Capitalización Bursátil dividida por las Reservas Probadas

Una forma rápida de evaluar lo relativamente *subvaluado* o *sobrevaluado* que se encuentra una empresa de exploración y producción es simplemente tomar la capitalización total de mercado en una determinada fecha y dividir esa cifra por el total de reservas probadas.

La empresa XYZ de exploración y producción, al cierre del año 2014, tenía 1,000 millones de acciones en circulación, mientras que el precio de las acciones era de $10, por lo tanto, la capitalización de mercado de XYZ era de $10,000 millones. La compañía tenía reservas probadas, al cierre del ejercicio 2014, de 500MMBPE, lo cual entonces implicaría que el mercado estaba colocando un valor en las reservas probadas de $20 por BPE.

Si una empresa con activos atractivos se cotiza a un descuento continuamente *bajo* en el mercado, esa empresa podría convertirse en un candidato para ser adquirida por competidores más grandes. Muchas veces, es más económico para las grandes compañías de petróleo y gas comprar empresas más pequeñas que crecer *orgánicamente* las reservas de la compañía a través de proyectos y desarrollos internos. Por ejemplo, si los costos para encontrar y desarrollar (en inglés los *Finding & Development Costs*) reservas de hidrocarburos son de $40 por BPE, pero una empresa más pequeña se puede comprar por el equivalente a $10 por BPE en reservas probadas, podría ser más barato adquirir esa compañía que desarrollar las reservas a través del proceso actual de encontrar hidrocarburos, desarrollar éstas y perforar pozos.

Uno de los retos que este indicador presenta es en la valoración de las compañías de petróleo y gas integradas o incluso de las empresas de exploración y producción que tienen otras operaciones además de Upstream. El reto con este tipo de empresas es la forma de *asignar* o *distribuir* la capitalización de mercado entre las operaciones de exploración y producción frente a las downstream o de otro tipo de operaciones. A modo de ejemplo, la compañía petrolera integrada X tiene mil millones de BPE en reservas probadas, tiene una capitalización de mercado de $30 mil millones, pero también tiene operaciones de la refinación con una capacidad de procesamiento de crudo de 1MMBPD. ¿Cómo puede ser la capitalización de mercado de esta empresa integrada asignada un valor único sólo a sus operaciones de exploración y producción? ¿Asumimos que toda la capitalización de mercado proviene del lado upstream de la empresa? ¿O asignamos la capitalización de mercado sobre la base del valor de libro de las diferentes operaciones upstream o downstream? En muchas ocasiones sobre todo cuando las operaciones de downstream no son rentables o el rendimiento de la bolsa de valores es bajo, es una práctica general, con el fin de calcular un indicador preliminar, el suponer que 0% del valor proviene de operaciones downstream y asumir que el 100% del valor proviene de las operaciones upstream.

Reemplazo de Reservas (RR)

Como se señaló anteriormente en la sección de reservas probadas, con el fin de mantenerse en el negocio, una compañía de exploración y producción debe añadir de *forma continua* reservas de hidrocarburos con el fin de mantener la producción actual e incluso aumentar sus niveles futuros de producción. La tasa de reemplazo de reservas mide cuánta cantidad de la producción actual de la empresa está siendo sustituida en términos de adiciones de reservas cada año. Este indicador es conocido en inglés como *Reserves Replacement (RR) ratio*.

La fórmula es la siguiente, adiciones de reservas en el año dividido por la producción total anual:

- Balance al inicio del año de las reservas probadas *menos*
- La producción de hidrocarburos de ese año *substraído de*
- El balance al final del año de las reservas probadas
- Este resultado es el *incremento neto* de las reservas probadas durante el año
- Este incremento se divide entonces por la producción del año

A continuación se muestra un ejemplo:

La empresa XYZ de exploración y producción tenía reservas probadas al 31 de diciembre del 2014 de 100MMBPE, mientras que sus reservas probadas al 31 de diciembre del 2013 fueron de 80MMBPE. En el 2014, la compañía tuvo una producción total anual de 10MMBPE. Por lo tanto, 80MMBPE menos 10MMBPE equivale a 70MMBPE, que luego se resta de las reservas probadas de fin de año de 100MMBPE y da un resultado de 30MMBPE. 30MMBPE se divide por la producción del actual año de 10MMBPE para llegar a una tasa de reemplazo de reservas del 300%.

Este indicador de reemplazo de reservas es ampliamente seguido por muchos analistas en el sector upstream. Por lo general, los inversionistas quieren ver una tasa de reemplazo *constantemente* superior al 100% durante muchos años. Una tasa menor del 100% continuamente por varios años significaría que la empresa no está incrementando sus reservas y por lo tanto podría haber la posibilidad de agotar sus activos y por lo tanto tener una producción de hidrocarburos menor cada año.

Producción diaria en BPE por pozo productivo neto

La producción diaria en BPE divida por pozo productivo neto es un buen indicador que se puede utilizar para entender dónde una compañía tiene operaciones y qué tipos de activos que tiene (por ejemplo *offshore* vs. *onshore*). Por ejemplo, los grandes pozos costa afuera tienden a tener tasas muy altas de producción por pozo (pero tienden a costar más), mientras que los pozos convencionales en tierra tienden a tener una producción significativamente menor por pozo (pero cuestan bastante menos). Este indicador también puede describir las áreas geográficas en las que opera la compañía, por ejemplo, aquellas empresas con grandes operaciones en los EE.UU. tienden a tener una menor producción por pozo que aquellas empresas con grandes proyectos costa afuera u *offshore*. Al añadir el número de pozos productivos *netos* que una empresa posee, es importante añadir tanto los pozos pertenecientes a empresas filiales consolidadas como los pozos *operados* por la empresa. La cifra de pozos netos representa la parte *proporcional* de la propiedad de los pozos, es decir que se cuentan tanto los pozos operados por la empresa como el porcentaje de titularidad en pozos operados por *terceros* en los cuales la empresa tiene una participación.

Este indicador se calcula como sigue:

- La producción diaria total *neta* en BPE de la empresa *dividida* por el número de todos los pozos productivos netos de hidrocarburos en los cuales la empresa tiene una participación.

    La empresa XYZ de exploración y producción tenía una producción diaria de 100,000 BPE, mientras que su número neto de pozos de hidrocarburos fue de 200. Por lo tanto, la producción promedio por pozo de esta empresa es de 500 BPE por día.

Perfil Flujo de Efectivo de un activo de Exploración y Producción

El negocio de upstream requiere una considerable cantidad de gastos de capital cada año con el fin de mantener la producción de hidrocarburos. Si echamos un vistazo al perfil de flujo de efectivo de un pozo típico de petróleo convencional, podemos ver que al inicio de la inversión, hay una gran salida de efectivo necesaria para pagar por los costos de búsqueda y exploración. Antes de que el pozo comience a producir, es necesaria una *adicional salida* de efectivo (adquisición de derechos minerales, perforación y terminación del pozo, equipos de producción de hidrocarburos, separadores, etc...) antes de que la empresa reciba un dólar por la venta de petróleo. Después de eso, en un pozo convencional, las reservas comienzan a agotarse a una tasa de declive relativamente predecible del 3-5% anual (el cual varía significativamente según el tipo de formación), entonces el pozo alcanzaría un punto en el que ya no sería rentable continuar produciendo hidrocarburos a esos bajos niveles. Entonces, el pozo es taponado, abandonado y cerrado permanentemente.

Capítulo 2 – Upstream 77

Perfil de Flujo de Caja o Efectivo de un Activo de Upstream
Pozo convencional
Tasa de Declive   5%
Tasa de Inflación 3%

Año	$MM (Salida)/Entrada	Descripción
2010	(2.00)	Costos de Exploración
2011	(4.00)	Perforación de desarrollo
2012	1.50	Primer Año de Producción
2013	1.47	Segundo Año, tasa de declive 5%, inflación 3%
2014	1.44	
2015	1.41	
2016	1.38	
2017	1.35	
2018	1.32	
2019	1.29	
2020	(2.00)	Costos de Abandono y Remediación Ambiental
NPV o Valor Presente Neto @10%	$0.38	

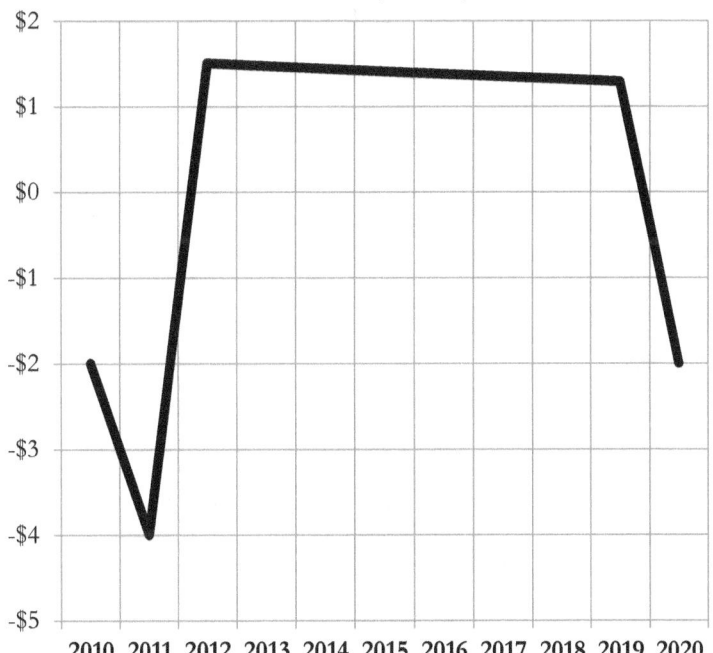

Ejemplo de Flujo de Efectivo - Pozo Convencional $MM (Salida) / Entrada

Sin embargo, en los nuevos pozos de petróleo y gas de esquisto (en inglés *shale gas* y *tight oil*) no convencionales, el perfil de flujo de efectivo es significativamente diferente. El tiempo de inversión es básicamente el mismo, sin embargo, desde una perspectiva de flujo de caja estos pozos se agotan muy rápidamente y por lo tanto los flujos de efectivos son acelerados al inicio de la producción, lo cual hace que la inversión se recupere más rápidamente. La desventaja es que una empresa tendrá que continuamente seguir perforando y completando pozos para frenar el declive natural de la producción de hidrocarburos. Se espera a medida que la tecnología mejore, (con innovaciones tales como la capacidad para perforar múltiples terminaciones desde una sola plataforma de perforación), que los gastos para perforar estos nuevos pozos horizontales disminuyan con el tiempo y se reduzcan las altas tasas de declive de producción. A continuación se muestra diagrama un perfil de flujo de efectivo de un pozo no convencional:

Perfil de Flujo de Caja de un Activo de Upstream
Pozo no Convencional
Tasa de Declive   Variable
Tasa de Inflación   3%

Año	$MM (Salida)/Entrada	Descripción
2010	(25.0)	Costos de Exploración
2011	(50.0)	Perforación de desarrollo
2012	65.0	Primer Año de Producción
2013	19.5	Segundo Año, tasa de declive de 70%
2014	5.9	
2015	1.8	
2016	1.6	
2017	0.8	
2018	0.4	
2019	0.2	
2020	(4.0)	Costos de Abandono y Remediación Ambiental
NPV @10%	$2.75	

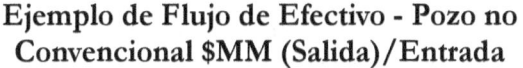

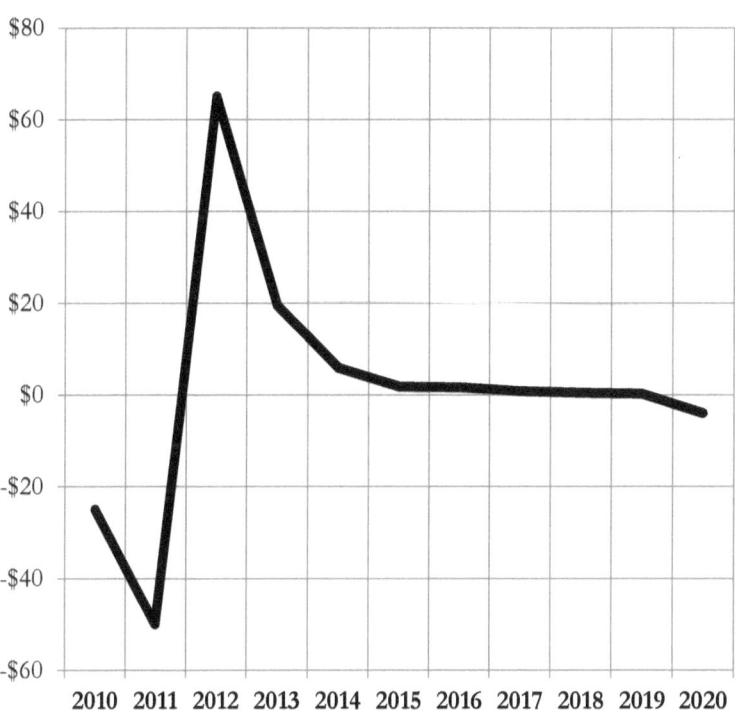

Negocio cíclico

El negocio de petróleo y gas ha sido históricamente un negocio cíclico y continuará siendo un negocio cíclico en el futuro. Tanto Upstream como Downstream tienen sus ciclos de negocio particulares que pueden no coincidir necesariamente. En un año las operaciones de Upstream puede tener ganancias récord debido de los altos precios del crudo, mientras que las operaciones Downstream se ven afectadas por estos altos precios del crudo, el cual para downstream es su principal componente de materia prima. En otros años, Upstream puede verse impactado por los bajos precios del petróleo crudo, mientras que las refinerías en downstream se benefician de estos mismos bajos precios del petróleo crudo y quizás un alto precio de los productos refinados. Es por ello que algunas de las empresas de menor riesgo son *verdaderamente integradas* y pueden gestionar el riesgo del negocio debido a los ciclos económicos que tanto upstream como downstream poseen. En momentos en que los precios del crudo están subiendo, las operaciones de upstream se ven afectadas positivamente, mientras que las operaciones de downstream pueden verse afectados negativamente si los productos refinados no siguen la tendencia de aumento de los precios. Igualmente ocurre cuando los precios del crudo están cayendo y los precios de la gasolina están aumentando, al mismo tiempo, ya que esto implica un gran impacto positivo en las operaciones downstream, ya que su costo de manufactura es menor que antes.

Otro factor que afecta a upstream en particular, es cuando los precios del petróleo siguen aumentando, los gastos de capital también se incrementan debido a la inflación de costos que afecta a *toda* la industria. Este nivel de inflación de costos con el tiempo puede reducir los márgenes en el sector upstream si los precios del crudo y gas natural no se mantienen al día con el aumento de los costes.

La tabla en la siguiente página muestra los precios del crudo, en dólares ajustados por inflación, lo cual muestra la volatilidad de los mercados de petróleo desde el año 1861[72]:

Precios del Petróleo Crudo desde 1861 hasta el 2013
Dólares reales (2013) por Barril

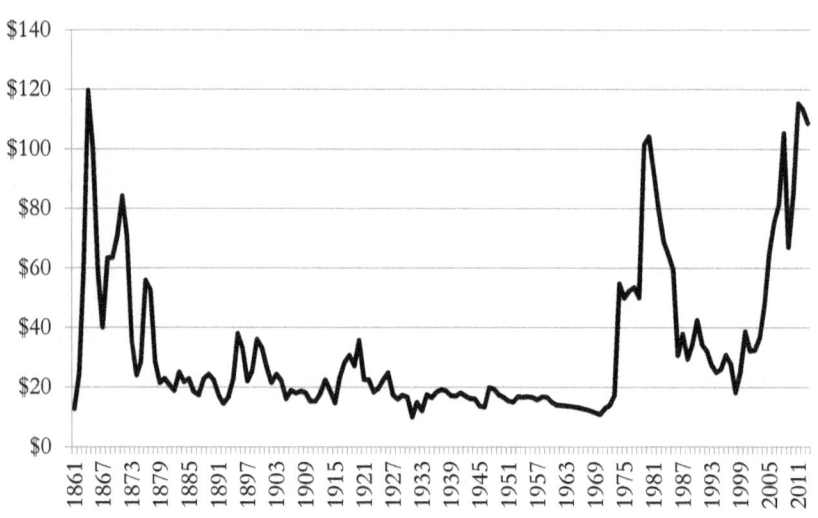

Como se puede observar en el gráfico anterior, sólo en los últimos 50 años, el petróleo en dólares reales del 2013 ha pasado de tener un precio tan bajo

---

[72] Fuente: BP Statistical Review 2014, table "Oil: Crude Oil Prices since 1861"

como $13 por barril en la década de 1960 hasta un máximo de $104 por barril en la década de 1980, luego decreció a menos de a $18 a finales de 1990, y luego vuelve a subir hasta llegar el precio máximo en años recientes de $115 en 2011. Las empresas con éxito a largo plazo pueden manejar la volatilidad inherente en los precios del petróleo y el gas mediante el control de los costes, evitando realizar adquisiciones cuando los precios están a niveles históricamente altos y mediante el desarrollo de planes de largo plazo que puedan soportar importantes fluctuaciones en los precios de los hidrocarburos.

¿Por qué invertir en Upstream?

Las operaciones de upstream han sido históricamente el sector en la industria petrolera con la mayor rentabilidad sobre capital empleado, así como tradicionalmente el sector con las mayores ganancias o utilidades netas por barril. Las empresas upstream, ya sean las Empresas Petroleras Nacionales (EPN), las Empresas Petroleras Integradas (EPI) o las Empresas Independientes de Exploración y Producción (EIEP), continuarán formando un componente esencial de la economía mundial a medida que el apetito mundial por energía siga aumentando. El sector de exploración y producción debe invertir cada año una parte sustancial de sus ganancias (a veces incluso sobrepasando el 100% de las ganancias) para seguir manteniendo niveles de producción, a la vez que mitigan el agotamiento natural e intentando aumentar su producción perforando más pozos.

Echando una mirada hacia el futuro próximo, se espera que la demanda de hidrocarburos siga aumentando, sobre todo en los países asiáticos y en general en los países en vías en desarrollo. Con el fin de seguir satisfaciendo esa creciente demanda de hidrocarburos, las empresas de exploración y producción deben seguir invirtiendo y produciendo hidrocarburos, inclusive en el ambiente actual de *relativos bajos* precios del petróleo[73].

---

[73] Al comienzo de Junio de 2014, el precio del crudo de referencia West Texas Intermediate o WTI bajó de $107 por barril hasta los $40-$50 por barril a mediados del 2015. En este ambiente de bajos precios, se espera que las ganancias o utilidades netas de las operaciones upstream se reduzcan mientras que las ganancias netas de downstream se incrementen.

Capítulo 3 – Midstream

"El éxito es la suma de pequeños esfuerzos, repetido cada día" - Robert Collier

Información General sobre Midstream

Históricamente midstream ha abarcado las siguientes actividades:

- La recolección, tratamiento y procesamiento intermedio del gas natural y petróleo crudo
- El transporte, tanto de *corta* como de *larga distancia* de petróleo crudo, gas natural, líquidos del gas natural (LGN), productos de petróleo refinados y petroquímicos
- Terminales de petróleo crudo, productos refinados, tanto nacionales como terminales de importación y exportación
- Transporte de Gas Natural Licuado (GNL), Gas Licuado de Petróleo (GLP), petróleo crudo y productos refinados
- Transporte y fraccionamiento de líquidos de gas natural (LGN)

Para muchas empresas, especialmente las grandes empresas integradas, sus operaciones midstream suelen agruparse o ser reportadas como parte de las operaciones downstream.

En los EE.UU. una parte substancial de las empresas que operan completamente en midstream no están estructuradas para fines legales y tributarios como una corporación regular, pero en su lugar se estructuran como una asociación *Master Limited Partnership* o MLP.

¿Qué es un MLP?

Un MLP, es una sociedad limitada que cotiza en la bolsa y que tiene operaciones principalmente en el sector energético, especialmente operando en el espacio de tuberías y oleoductos, fraccionamiento de LGN, procesamiento de gas y otras áreas. Un MLP, como sociedad, es una asociación, que para el código de impuestos de EE.UU. no tributa impuesto sobre la renta a nivel de la sociedad, sino que los impuestos son calculados a nivel de *cada dueño de esta sociedad*, lo que significa que los impuestos no se pagan a nivel de entidad, pero en cambio se pagan al nivel de los accionistas. Cada socio limitado individual, como titular de una acción, es un propietario de la MLP, y por lo tanto es dueño de una parte *proporcional* de esta sociedad. Las sociedades MLP comenzaron a ser utilizadas más comúnmente como una entidad de negocios después de la reforma del

Código de Impuesto Sobre la Renta de EE.UU. que ocurrió en el año 1986[74].

Al final del año, cada socio propietario de una acción recibe lo que se llama un reporte "K-1", el cual indicará la parte proporcional de todos los *ingresos, gastos y ganancias* de manera que cada persona puede utilizar esta información de ingresos para presentar su declaración de impuestos sobre la renta personal en los EE.UU. Una de las principales ventajas de esta estructura tributaria es que los dividendos son libres de impuestos, ya que los impuestos se pagan en las *ganancias contables*. En otras palabras, los impuestos se pagan a nivel del propietario individual sobre las ganancias *contables*, no sobre los dividendos de la MLP a los propietarios. Al estar estructurado como un MLP, las entidades evitan la doble tributación. Por el contrario, una estructura corporativa regular (llamada en los EE.UU. una Corporación tipo "C") paga impuestos sobre la renta a nivel corporativo, y una vez que se distribuyen dividendos a los accionistas, cada accionista individual es entonces *gravado de nuevo* en el ingreso por dividendos recibidos, lo que resulta en una doble imposición o tributación.

Áreas de Negocios y Riesgo de Precios

La mayoría de los MLP tratan de tener operaciones en midstream donde sus márgenes sean *fijos o estables*, basados en tarifas que funcionan en gran parte como un "peaje de carretera", lo que significa que no dependen de fluctuaciones de precio, sino que dependen *principalmente* del volumen de petróleo y productos de gas transportados o procesados a lo largo de sus activos. De hecho, antes de que se construyan muchas tuberías, los clientes de estas tuberías tienen que firmar acuerdos para garantizarle al operador de la tubería un *flujo de efectivo estable y constante* cada mes para así poder pagar el préstamo utilizado para financiar la construcción del gasoducto. El segundo objetivo es garantizar un rendimiento estable a sus dueños.

Hay otras áreas del negocio en el sector midstream que tienen una exposición inherente a fluctuaciones de los precios del petróleo, gas natural y líquidos del gas natural, que es el caso de los negocios de recolección y procesamiento de gas natural (en inglés *gas gathering & processing*). En el negocio de la recolección y procesamiento de gas natural, una empresa midstream recolecta y procesa gas natural no procesado que pertenece a una compañía de exploración y producción. Muchas veces, a cambio de

---

74
http://www.quinnipiac.edu/prebuilt/pdf/SchoolLaw/LawReviewLibrary/11_9UBridgeportLRev217%281988%29.pdf

estos servicios, y en lugar de una compensación monetaria, la empresa midstream se compromete a retener un *porcentaje del valor de los productos* que están siendo procesados, en este caso, el gas natural y los líquidos de gas natural.

Este tipo de contratos es muy común en la industria de procesamiento de gas de Estados Unidos y se conoce en la industria como "POP" o Porcentaje de Productos (o también conocido como "Porcentaje de Ventas")[75]. Muchas empresas gestionan estos riesgos de fluctuaciones de precios mediante la colocación de *hedges* o coberturas de precios del gas natural y los LGN con el fin de mitigar el impacto de los volátiles precios en el flujo de efectivo de sus operaciones.

Indicadores de Midstream

Aunque los indicadores de evaluación financiera estándar se pueden aplicar para evaluar los activos midstream, varios indicadores tales como retorno sobre capital empleado (RCE) no representan quizás necesariamente una visión completa de las operaciones midstream. El Retorno sobre Capital Empleado o RCE en los activos midstream tiende a ser relativamente bajo en comparación con upstream o incluso con downstream. ¿Por qué los activos midstream tendrían un bajo rendimiento del capital invertido en general? Los activos midstream tienden a requerir altos niveles de inversión inicial, y por lo tanto tienen altas tasas de depreciación y amortización que *reducen* las ganancias.

Estos activos suelen tener un RCE bajo, pero por el contrario tienden a tener alta capacidad de generación de flujo de caja. Los inversionistas de activos o empresas midstream están más centrados en la generación de efectivo para así distribuir dividendos a los dueños en lugar de generar grandes retornos contables. Por ejemplo, el RCE de un oleoducto podría estar en el rango de 7-8%, pero dado que este activo tiene grandes gastos de depreciación amortizados en 20, 30 o incluso más años, la capacidad de generación de efectivo de este activo es sustancialmente más atractiva que los puros rendimientos basados en ganancias contables.

---

[75] Este tipo de contrato POP (en inglés *Percent of Proceeds*), llamado porcentaje de productos es uno de los contratos más comúnmente usados en los contratos de procesamiento de gas en el mercado de los EE.UU.

Los siguientes indicadores midstream se utilizan en este libro:

- Margen Bruto Operativo
- Porcentaje del margen bruto operativo total generado de tarifas fijas
- Rentabilidad por Dividendo (RD)
- Flujo de Efectivo Distribuible (FED)
- Cobertura del Dividendo (CD)

Margen Bruto Operativo

El margen bruto operativo es un indicador muy importante en el sector midstream, ya que permite a un observador interesado clasificar rápidamente las empresas de acuerdo con el tamaño y la profundidad de las operaciones de la compañía. La otra ventaja está relacionada con el hecho de que el sector midstream abarca varios activos diferentes, tales como recolección de gas y procesamiento, el gas natural, tuberías de crudo y productos, fraccionamiento de LGN y muchos otros negocios. Mediante el uso de un indicador común a todos los activos midstream como lo es margen bruto operativo un analista puede comparar el tamaño *relativo*, el *alcance* y las *operaciones* de las distintas empresas entre sí. Otra razón para prestar atención al margen bruto operativo es que este indicador es ampliamente utilizado entre las empresas midstream para realizar un seguimiento interno del desempeño de la organización; por lo tanto, se puede considerar una medida apropiada para comparar diferentes empresas midstream.

El margen bruto operativo se calcula en este libro de la siguiente manera:

- Las ventas totales *menos* las compras de petróleo y productos, el cual es *igual* al Margen Bruto.
- El Margen Bruto es reducido aún más luego *restando* los gastos operativos, generales y administrativos.

Muchas empresas midstream *restan* gastos operativos, generales y de administración del margen bruto ya que varios tipos de activos no tienen substanciales "compras de hidrocarburos", tales como los oleoductos, que sólo transportan hidrocarburos y de por si no compran ni venden ningún producto. En cambio, los mayores gastos de los oleoductos serían gastos operativos, tales como mantenimiento, inspección y otros.

La empresa XYZ Midstream MLP tenía en el 2014 unas ventas consolidadas de $1,500MM, compras de productos de $1,200 MM. Por lo tanto, el margen bruto es igual a $1,500MM menos $1,200MM, lo que equivale a $300MM de margen bruto.

Para calcular el margen bruto operativo:

En el 2014, la empresa XYZ Midstream MLP tenía un margen bruto de $300MM y gastos de operación de $100MM mientras que los gastos generales y administrativos fueron de $50MM. Por lo tanto, el margen bruto operativo en el 2014 fue de $150MM.

Porcentaje del margen bruto operativo total generado de tarifas fijas

Otro indicador relacionado con el margen bruto operativo, indica qué tan estable es el margen bruto operativo o por el contrario lo volátil que es el margen bruto operativo. Como se mencionó anteriormente, el negocio de midstream abarca muchas activos diferentes, con ciertas áreas de la empresa que tiene la exposición a la fluctuación de los precios de los hidrocarburos, por ejemplo el negocio en EE.UU. de recolección y procesamiento de gas, y otros que tienen muy poca o baja exposición a las fluctuaciones de precios, por ejemplo en EE.UU. las tuberías de gas natural, cuyos rendimientos y tarifas son regulados. Los activos en midstream que tienen baja exposición al riesgo de precio se basan más en tarifas establecidas o fijadas, tanto por ente regulatorios como por acuerdo contractuales, para la generación de ingresos de estos activos.

Las tuberías son un ejemplo de un modelo de negocio que funciona como una *autopista de peaje*, cobrando "tarifas" o "peajes" por el volumen o tráfico que fluye través de sus activos. De hecho, como se señaló anteriormente, las tuberías pueden incluso ir más allá y tener acuerdos de transporte en firme (en inglés los llamados *firm transportation agreements* o *take-or-pay*) que garantizan un cierto volumen que el cliente usuario paga a la empresa del activo midstream sin importar el uso o flujo real cada mes. Estos acuerdos de volumen se ponen en marcha con el fin de garantizar flujos de caja *estables* a la empresa construyendo y operando la tubería, usando estos flujos de efectivos para pagar los préstamos utilizados para construir el gasoducto u oleoducto. En general, cuanto mayor sea el porcentaje del margen bruto operativo basado en tarifas fijas, *más estable y diversificada* es la empresa midstream.

Empresas con diferentes riesgos de fluctuaciones de precio de los hidrocarburos tratarán de mitigar este riesgo y tener flujos de caja más estables a través del uso de las coberturas o *hedges*. Hasta cierto punto, estas coberturas ofrecen, por un período determinado de tiempo, a la empresa midstream, menos volatilidad en sus flujos de efectivos que asumir 100% el riesgo de que los precios de estos hidrocarburos fluctúen y afecten adversamente a la empresa.

La empresa XYZ Midstream tenía en el 2014 un margen operativo bruto de $400MM, de los cuales $280MM se derivan de negocios basados en tarifas fijas. Por lo tanto, $280MM dividido por $400MM es igual a 70%. Por ende, el margen bruto operativo fijo representa el 70%, mientras que el 30% restante del margen bruto operativo podría estar expuesto a fluctuaciones de precios de los hidrocarburos.

Rentabilidad por Dividendo (RD)

La rentabilidad por dividendo es un indicador que fluctúa cada día que se compran y venden unidades o acciones de una MLP, ya que el precio de estas acciones MLP varía. En general, *cuanto mayor es el rendimiento del dividendo, mayor es el riesgo que implica*, al igual que el viejo adagio, *"a mayor riesgo, mayor retorno"*. Tenga en cuenta que esta rentabilidad por dividendo es un rendimiento antes de impuesto sobre la renta, ya que los impuestos de las MLP son gravados basados en las ganancias netas contables de la MLP y no sobre el dividendo de por sí.

Debido a los activos que una MLP posee, los flujos de caja estables y el perfil de crecimiento a través de la deuda y emisión de acciones, las sociedades MLP han tenido tradicionalmente los más altos dividendos relativos en la industria petrolera.

En el 2013, la empresa MLP Midstream XYZ tenía dividendos de $1 por acción por trimestre o un dividendo anual $4 por acción. La acción de esta empresa tenía un precio al 31 de diciembre del 2014 de $50. Por lo tanto, el rendimiento por dividendo al cierre del ejercicio 2014 era de $4 dividido por $50 o el 8%.

Nota especial para los residentes fiscales de EE.UU. Dado que los impuestos sobre la renta para las sociedades MLP son gravadas a nivel de la participación de cada dueño de acciones MLP y el dividendo de por sí no es gravado, es necesario calcular un rendimiento *después* del impuesto sobre la renta. Una forma de *estimar* esta obligación tributaria es calcular un rendimiento tomando en cuenta una tasa o tipo promedio de Impuesto sobre la Renta.

John Smith es un residente fiscal de los Estados Unidos y tiene una tasa marginal de impuestos del 25%. John Smith posee 100 acciones de la empresa MLP XYZ por el cual pagó $5,000 o $50 por unidad. XYZ distribuyó $4 por unidad, en otras palabras John Smith recibió $400 por valor de dividendos en el 2014. John Smith no recibirán su formulario K-1 hasta principios del 2015, pero él puede hacer una estimado de alto nivel tomando los $400 y multiplicándolos por 1 menos 0.25 o el 0.75, lo que equivale a $300. Por lo tanto, se estima que su rendimiento después de impuestos es de $300 dividido por $5000 o el 6%.

Flujo de Efectivo Distribuible (FED)

Si bien la definición de flujo de efectivo distribuible o FED varía de una sociedad MLP a otra, la siguiente definición de FED se utiliza a lo largo de este libro:

- Ganancias netas *más* gastos de depreciación y amortización, *menos* gastos de capital de mantenimiento.

Como el nombre del indicador implica, FED muestra cuánto efectivo se puede distribuir a los accionistas MLP de los flujos de efectivo generados por la empresa *después* de restar los gastos de capital de mantenimiento.

La empresa MLP XYZ Midstream tenía en el 2014 una utilidad o ganancia neta de $100MM, gastos de depreciación y amortización de $50MM y gastos de capital de mantenimiento de operaciones fueron de $30MM. Por lo tanto, $100MM, más $50MM menos $ 30MM es igual a $120MM. En otras palabras el flujo de efectivo distribuible o FED de XYZ en el 2014 fue de $120MM.

Cobertura del Dividendo (CD)

La cobertura del dividendo se calcula comparando el Flujo de Efectivo Distribuible (FED) con la cantidad total de dividendos que la empresa pagó a los accionistas de esa MLP. Este indicador provee una manera de analizar qué porcentaje del dividendo actual puede ser cubierto de efectivo generado por la misma empresa.

Cuanto mayor sea el ratio de cobertura del dividendo, mayor será el "colchón" que una sociedad MLP tiene frente a contingencias futuras adversas. En otras palabras, cuanto mayor sea el ratio de cobertura del dividendo, más seguro y protegido es el dividendo, además de poder permitir en el futuro *incrementar* este dividendo.

> *La empresa MLP XYZ Midstream tenía un flujo de efectivo distribuible en el 2014 de $140MM, mientras que los dividendos actuales pagados a los accionistas fueron de $100MM. Por lo tanto, la XYZ tenía un ratio de cobertura del dividendo de $140MM divido por $100MM o 1.4.*

Perfil de Flujo de Efectivo de un Activo de Midstream

El sector midstream de la industria de petróleo y gas tiene un perfil de flujo de efectivo diferente de los sectores upstream o downstream. A continuación se presenta las actividades a alto nivel necesarias para construir y operar un gasoducto:

- Se adquieren los derechos de vía o permisos de paso (en inglés los *right-of-ways*) para sentar o construir un oleoducto *(salida de efectivo)*
- Se inicia la construcción *(salida de efectivo)*
- Se finaliza la construcción *(salida de efectivo)*
- El gasoducto entra en funcionamiento
- El gasoducto comienza a facturar ingresos a través del pago recibido por el uso de sus servicios de transporte; utiliza los fondos para pagar los préstamos incurridos en la construcción de la tubería; incurre en ciertos gastos de capital para mantener la tubería en buenas condiciones operativas (entrada de efectivo de los ingresos *menos* salida de efectivo por el pago del préstamo y gastos de mantenimiento)
- Después de que el préstamo está totalmente pagado, la tubería sigue facturando ingresos por el uso de sus servicios de transporte, incurre gastos de operativos y gastos de capital. (en total es un flujo neto *positivo* de efectivo)

En la siguiente página se presenta este perfil de una manera gráfica para una mejor ilustración.

Perfil de Flujo de Efectivo de un Activo de Midstream
Gasoducto de Gas Metano
Contrato de Transporte en Firme
Tasa de Inflación 3%

Año	$MM (Salida)/Entrada	Descripción
2010	(200)	Adquisición de derechos de vía, construcción del gasoducto
2011	(290)	La construcción se finaliza al fin de año
2012	35	El gasoducto está operativo
2013	36	Efectivo generado es usado primordialmente para el pago del préstamo
2014	37	
2015	38	
2016	100	El préstamo es pagado, lo cual incrementa el flujo de efectivo
2017	103	
2018	106	
2019	109	
2020	113	El contrato de transporte firme se termina
NPV @10%	$6.07	

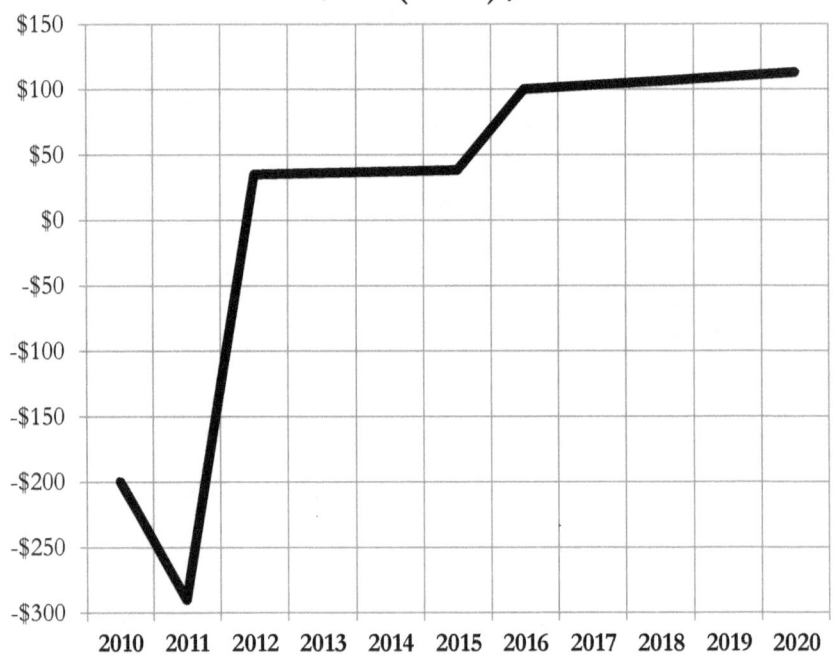

Ejemplo de Flujo de Efectivo - Gasoducto de gas Metano $MM (Salida) / Entrada

Como puede verse en el gráfico anterior y en los puntos de la página anterior, durante los primeros años los flujos de efectivo son negativos debido al hecho de que las tuberías se necesitan construir primero y es después que son terminadas es cuando *generan ingresos*. Después de un par de años de construcción, un gasoducto normalmente empieza a tener flujos de caja operativos positivos y la mayor parte de los ingresos generados se utilizan para pagar el préstamo utilizado para financiar el gasoducto. Después de que el préstamo sea pagado, el flujo de efectivo disponible para los propietarios aumenta y sigue creciendo, por lo general ajustado por inflación. Las incertidumbres de flujos de efectivo para ciertas tuberías empezarían después que expiraran los acuerdos de transporte iniciales, los cuales fueron acordados para garantizar un flujo de efectivo estable a los acreedores.

Para otros activos midstream, como fraccionadores LGN, un perfil típico de flujo de caja sería similar, ya que los ingresos del fraccionador son basados en tarifas *preestablecidas*, usualmente con garantías de un volumen pre-pagado mínimo, los cuales garantizan unos flujos de efectivos estables.

¿Por qué invertir en Midstream?

El sector midstream, desde una perspectiva de flujo de caja, tiende a ser el sector *menos* volátil de la industria de petróleo y gas. Las empresas midstream, debido a su estructura corporativa, por lo general tienen rendimientos de dividendos muy altos, y, además, estas empresas poseen buenas perspectivas de *aumentar* estos dividendos a través de los años.

Otra de las ventajas del negocio midstream, en particular para los residentes fiscales en los Estados Unidos, es el hecho de que la mayoría de las empresas de midstream en los EE.UU. están organizadas como sociedad *Master Limited Partnership* o MLP, como se indicó anteriormente en este capítulo. Las sociedades MLP poseen beneficios fiscales que las corporaciones regulares no poseen, siendo la más importante que estas sociedades evitan la doble tributación de ganancias o utilidades y dividendos.

Las empresas midstream en EE.UU. en los últimos años han experimentado un crecimiento importante, tanto de sus ganancias como el precio de sus acciones como también han tenido un incremento constante de sus dividendos. Dado el importante incremento de la producción de hidrocarburos en los EE.UU., particularmente después del 2008, esto ha ocasionado que la inversión en activos midstream se haya incrementado también. Este incremento en la producción de hidrocarburos fue posible gracias a la aplicación de nuevas tecnologías en la perforación de pozos, lo que permitió un giro en los acontecimientos no previsto hasta hace sólo un par de años. Todo este aumento de la producción ha requerido un rápido crecimiento en la infraestructura asociada para la recolección, procesamiento y distribución de hidrocarburos, tales como oleoductos, fraccionadores de LGN, terminales de crudo, barcazas y otros activos, por lo tanto generando un auge en la inversión de infraestructura midstream en los EE.UU. nunca antes experimentado.

Desde la década de 1990 al 2000, las compañías petroleras internacionales vendieron activos midstream importantes, tales como sistemas de recolección y tratamiento de gas natural, gasoductos, oleoductos, barcazas, entre otros mientras que las empresas emergentes como Enterprise Products[76] adquirieron pacientemente los activos de estas empresas más grandes. La mayoría de las empresas de midstream, salvo algunas excepciones en el procesamiento de gas, tienen perfiles de flujo de caja relativamente estables, ya que muchos de sus activos son basados en tarifas y volúmenes preestablecidos, los cuales están sujetos en general a una menor volatilidad de los mercados que sus competidores en las áreas de Exploración y Producción o Refinación y Suministro.

---

[76] Enterprise Products es una las mayores empresas Midstream de EE.UU., la cual ha crecido sustancialmente desde su primera cotización en la bolsa de Nueva York en 1998. Para más información, visite http://www.enterpriseproducts.com/corpProfile/businessProfile.shtm

Capítulo 4 – Downstream
"Yo compro cuando otros venden."– J. Paul Getty

Información General de Downstream

El negocio de downstream en general abarca las siguientes actividades:

- Refinación de petróleo crudo y otras materias primas en productos derivados del petróleo, tales como la gasolina, diésel o gasóleo, combustible de aviación, asfalto y otros
- Comercialización al por mayor y al por menor de productos de petróleo refinados
- Transporte de petróleo crudo y productos refinados
- Manufactura de aceites y lubricantes para diferentes usos
- Fabricación, distribución y comercialización de productos petroquímicos

Refinación

El petróleo crudo puede ser refinado en diferentes productos valiosos. A continuación se muestra un desglose típico de los productos que se pueden fabricar a partir de un barril (42 galones) de petróleo crudo[77]:

Productos derivados del Petróleo	Galones
Diésel	11
Otros destilados (combustible de calefacción)	1
Jet Fuel	4
Otros productos	7
Heavy Fuel Residual (Combustible residual)	1
Gas Licuado de Petróleo (GLP)	2
Gasolina	19
Total	45

Tenga en cuenta que debido a la llamada "ganancia volumétrica"[78], 45 galones de productos refinados se pueden refinar de 42 galones de petróleo crudo.

La refinación del petróleo crudo es un negocio muy cíclico, el cual es esencialmente un negocio de *margen* ya que las ganancias dependen principalmente de la *diferencia* entre el precio del petróleo crudo y los precios de productos refinados (principalmente la gasolina, diésel/gasóleo y combustible para aviones). Aunque se puede decir que los productos refinados, por un período de tiempo, seguirán la trayectoria de los precios

---

[77] http://www.eia.gov/energyexplained/index.cfm?page=oil_home
[78] La llamada ganancia volumétrica, como fue explicada en el capítulo 1 de debe a las diferentes densidades de los productos refinados versus el petróleo crudo.

del petróleo crudo, han habido muchos momentos en los que los precios del crudo siguen aumentando mientras los precios de los productos refinados se mantienen estancados o incluso disminuyen. Tal fue el caso en los años de la crisis económica mundial de 2008-2010, cuando los precios de los productos refinados disminuyeron sustancialmente debido a un exceso de oferta de productos refinados habiendo demasiadas refinerías en operación refinando crudo. Después de esta crisis, a partir de 2011-2014, varias refinerías fueron cerradas permanentemente, lo que ayudó al incremento de los márgenes de refinación durante este período, especialmente en los EE.UU.

El negocio de refinación, globalmente, continúa experimentando un entorno económico muy competitivo y seguirá siendo un negocio cíclico en los próximos años. Un factor positivo que se ha producido en los últimos años, sobre todo para las refinerías de Estados Unidos, ha sido el aumento de la producción de crudo en los EE.UU., el cual ha disminuido el coste de la principal materia prima de una refinería, que es el petróleo crudo. Mientras que el gobierno de los EE.UU. actualmente prohíbe la exportación de petróleo crudo no procesado a cualquier país excepto Canadá, los EE.UU. no pone ninguna restricción a las exportaciones de productos refinados[79]. En consecuencia, las exportaciones estadounidenses de productos refinados del petróleo han experimentado un auge, al pasar de alrededor 1.6MMBPD en 2008 a más de 2.7MMBPD en 2014.[80]

Las refinerías de Estados Unidos, en comparación con sus competidores internacionales, poseen una clara ventaja sobre el bajo coste de la principal materia prima en el negocio de refinación, el petróleo crudo. ¿Qué significa esto? Esta ventaja en materias primas, teniendo los EE.UU. una producción récord de hidrocarburos, ha dado a las refinerías estadounidenses estructuras de costos *más bajas* en términos de insumos en general, haciéndolas más competitivas que sus homólogos asiáticos o europeos. Durante los próximos años, se podría decir que las refinerías estadounidenses tienen una *ventaja comparativa* basada en menores costos de insumos y menores costes energéticos que sus contrapartes internacionales.

---

[79] http://www.api.org/~/media/files/policy/exports/crude-oil-exports-primer/us-crude-oil-exports-low-res.pdf
[80] http://www.eia.gov/dnav/pet/hist/LeafHandler.ashx?n=PET&s=MTPEXUS2&f=A

Comercialización

Las operaciones de comercialización en downstream abarcan la comercialización al por mayor y al por menor de productos refinados. La comercialización al por menor es una de las áreas de la industria de petróleo y gas que tiene una gran presencia al cliente final y la mayoría de los consumidores la asocian *intrínsecamente* con la industria petrolera. Las empresas downstream por lo general tienen operaciones de comercialización con el fin de garantizar *un canal seguro de ventas de productos* de sus refinerías. Con estos canales de ventas seguros estas refinerías pueden operar con una alta confiabilidad y no encontrar *cuellos de botella* en su producción dado a no tener espacio para almacenar y suplir productos refinados, afectando las operaciones de la refinería.

Las operaciones de comercialización pueden comprar productos refinados ya sea de las operaciones de refinación de su propia empresa o a terceros. Estos productos de petróleo comprados son luego revendidos y comercializados en las tiendas propiedad de la compañía, franquicia o incluso a estaciones de servicios de propiedad de terceros. Muchas empresas integradas, como RoyalDutchShell o ExxonMobil tienen una gran presencia minorista global. También hay pequeñas empresas de comercialización de combustibles que pueden tener operaciones de comercialización local, regional o incluso nacional, tales como CEPSA en España o PEMEX en México.

Petroquímica

Después del negocio de Refinación y Mercadeo, la industria petroquímica es el negocio más grande en downstream. Este negocio se dedica principalmente a la producción y venta de una amplia variedad de productos químicos, desde productos químicos básicos, tales como polietileno, polipropileno a los productos químicos más especializados utilizados en una variedad de procesos de producción y bienes de consumo.

La industria petroquímica de Estados Unidos, debido en gran parte al aumento de la producción estadounidense de hidrocarburos[81], ha experimentado un crecimiento considerable en los últimos años. Gracias a las materias primas de bajo costo, tales como el gas etano y gas natural, la industria petroquímica de Estados Unidos tiene una de las curvas de producción de *más bajo costo* para varios productos petroquímicos, justo

---

[81] http://www.pwc.com/en_US/us/industrial-products/publications/assets/pwc-shale-gas-chemicals-industry-potential.pdf

detrás de los productores del Medio Oriente. Se espera que esta ventaja de materia prima continúe durante varios años[82].

Otros negocios en Downstream

Downstream es un sector que es probablemente tan difícil de definir como Midstream, ya que abarca tantas otras áreas distintas a la Refinación y Mercadeo. Muchas de estos negocios están generalmente integrados en otras operaciones de las empresas downstream. Estos negocios tienden a ser negocios de alto margen, pero por lo general tienen un volumen relativamente bajo en comparación con el negocio más grande de R&M. Existen otros negocios que normalmente no son considerados "downstream" en las empresa petroleras integradas, pero realmente ejercen una función de downstream o aguas abajo como son las compañías locales de distribución de gas natural.

Otros negocios que forman parte del sector Downstream:

- **Negocio de Lubricantes**: Este negocio se dedica principalmente a la producción y comercialización de lubricantes, aceites de motores, grasas y otros productos con aplicaciones en diversas industrias como el transporte terrestre, aviones y maquinarias.
- **Productos especializados y químicos**: Este negocio normalmente incluye productos tales como mejoradores de flujo y químicos especiales utilizados por un variado grupo de industrias.
- **Empresas locales de Distribución Gas Natural**: llamadas en inglés *Local Distribution Companies* ó LDCs, estas empresas también pueden ser clasificadas como empresas de *servicio público*, debido al hecho de que la mayoría de estas empresas están reguladas alrededor del mundo y particularmente en los EE.UU.
- **Empresas de Suministro y Distribución de crudo y productos refinados**: Estas empresas se pueden clasificar también como empresas "midstream". Estas empresas transportan petróleo crudo y productos refinados principalmente a través de camiones o barcazas. Este transporte puede tener lugar mediante la recolección de petróleo crudo de diferentes pozos que producen a lo largo de un país para ser entregados en los terminales de crudo conectados a tuberías. Estas empresas también transportan productos refinados desde terminales de recibo o incluso desde las refinerías para ser

---

[82] http://www.chemweek.com/lab/Petrochemicals-Huge-midstream-investments-underpin-rebirth-of-US-industry_59746.html

distribuidas por camiones o furgones a estaciones de servicio a lo largo de una gran área geográfica. Estas empresas tienden a ser relativamente pequeñas y por lo general no se cotizan en la bolsa de valores. Estas empresas son esenciales para la industria del petróleo y gas, particularmente en los EE.UU., ya que aseguran un flujo continuo de productos y garantizan un suministro continuo de hidrocarburos a consumidores alrededor del mundo.

Indicadores de Downstream

Indicadores tales como RCE, rentabilidad por dividendo y RPP también pueden ser usados para analizar una empresa con operaciones en downstream. En este capítulo, se introducen los siguientes indicadores downstream:

- Volúmenes totales procesados
- Ventas totales de productos refinados
- Capacidad total de refinación
- Porcentaje de utilización
- Porcentaje de productos para el transporte
- Ganancias netas por barril
- Efectivo generado por barril
- "Crack spread" de mercado
- "Crack spread" obtenido o efectivo

Volúmenes Totales Procesados

Volúmenes totales procesados, también conocidos como los insumos totales de refinería, es una medida global de los volúmenes de hidrocarburos que una refinería o empresa está procesando en un determinado período de tiempo. Estos volúmenes incluyen petróleo crudo y otras materias primas, tales como líquidos de gas natural o LGN. Cuanto más alto es la cifra de volúmenes procesados, más refinerías o refinerías de mayor capacidad tiene una compañía. Este indicador es ampliamente utilizado para clasificar las empresas en términos del tamaño de sus operaciones en downstream.

> *En el año 2014, la empresa de Refinación ABC procesó unos volúmenes totales de 950MBPD de petróleo crudo y líquidos del gas natural de 50MBPD. Por lo tanto los volúmenes totales procesados en el 2014 por la Compañía ABC fueron de 1,000MBPD.*

Ventas Totales de Productos Refinados

Las ventas totales de productos refinados es un indicador basado en el volumen, similar a los volúmenes totales procesados, pero que se utiliza para las operaciones de *comercialización* de una empresa downstream. Una empresa podría tener más ventas de productos refinados que los propios volúmenes procesados de la refinería ya que podían comprar productos refinados de otras empresas. El intercambio o la compra de productos de otras empresas de refinación tiene sentido ya que una empresa podría muy bien tener operaciones de comercialización en una zona del mundo y no tener refinerías propias para abastecer sus operaciones de comercialización. La misma situación podría ser si la empresa cuenta con una refinería en una zona del país, pero no tiene operaciones de comercialización, por lo que va a vender esos volúmenes de refinería a una empresa de terceros.

Las refinerías de la Compañía ABC procesaron volúmenes totales de 100MBPD en el 2014 mientras que las ventas de productos refinados totales de ABC fueron 250MBPD. Por lo tanto, se puede inferir que ABC compró 150MBPD de productos procedentes de una refinería de terceros para cumplir los compromisos de suministro de sus operaciones de comercialización. La otra conclusión que se puede hacer es que las operaciones de comercialización de ABC son bastante sustanciales.

Como comentario al margen, tenga en cuenta que la práctica de los intercambios de productos refinados entre las empresas es muy común. Por ejemplo, la gasolina automotriz comprada en una estación de servicio de la marca ExxonMobil puede muy bien haber venido de una refinería de Shell y viceversa. Por lo general, el diferenciador principal de una marca de gasolina a otra sería los *diferentes aditivos añadidos* a la gasolina, los cuales son usualmente añadidos en los terminales de almacenamiento o incluso en la misma estación de servicio.

Capacidad total de Refinación

La capacidad global de refinación es otra medida utilizada para clasificar a las empresas, así como para saber en cuales áreas se encuentran las refinerías de las empresas. La capacidad global de refinación es diferente de los volúmenes totales procesados ya que se basa en la capacidad de destilación de crudo en lugar de volúmenes actuales que están siendo actualmente procesados.

La capacidad de refinación, como su nombre lo indica, es la capacidad de diseño *efectiva* de las refinerías de la compañía. La capacidad total de refinación puede ser comparada con los volúmenes totales procesados para analizar qué porcentaje de la capacidad de destilación de crudo se está utilizando actualmente (el indicador llamado *tasa o porcentaje de utilización*, el discutido a continuación). En tiempos de altos precios de los productos refinados versus los precios del crudo, una refinería siempre busca tener una tasa de utilización tan alta como sea posible.

> *La empresa de Refinación ABC tenía 250MBPD de la capacidad de destilación de crudo en Europa, 350MBPD en los EE.UU. y 100MBPD en Asia. Por lo tanto, la capacidad mundial de refinación de la compañía es 700MBPD.*

Porcentaje de utilización

El porcentaje o tasa de utilización de las refinerías es un indicador que, básicamente, responde la pregunta ¿cuánto porcentaje de la capacidad de refinación existente está siendo utilizada? Cuanto mayor sea el porcentaje de utilización, mayor son los volúmenes que están siendo procesados a través de la capacidad de refinación existente. Una baja tasa de utilización indicaría equipos parados, condiciones económicas difíciles o simplemente problemas de fiabilidad causando que la refinería no sea capaz de procesar tantos barriles de hidrocarburos como sea físicamente posible.

Si una empresa de refinación tiene una baja tasa de utilización durante un período de tiempo, podría ser por varias razones, entre las cuales están:

- Las refinerías de la empresa han tenido durante el período un programa de *mantenimiento extendido*, llamados en inglés *turnarounds*. Los *turnarounds* son extensos programas de mantenimiento que por lo general pueden apagar toda la refinería o ciertas unidades de producción de las refinerías, afectando así el porcentaje de utilización.

- Cierres temporales o permanentes[83] debido a las condiciones del mercado. Si una refinería no puede ser operada económicamente por un *largo período de tiempo*, la compañía puede decidir que es mejor cerrar la refinería hasta que las condiciones del mercado mejoren. Otra razón para un cierre temporal podría ser debido a una venta pendiente de la refinería en sí misma[84].

---

[83] Un ejemplo de un reciente cierre permanente fue la refinería de Hovensa en las Islas Vírgenes de los Estados Unidos. Fuente: www.hovensa.com
[84] http://www.reuters.com/article/2011/09/27/us-conocophillips-trainer-idUSTRE78Q5R320110927

- Restricciones en el suministro o calidad de crudo o hidrocarburos, por lo que una refinería no puede funcionar a plena capacidad. Por ejemplo, si una refinería fue construida para funcionar de manera más eficiente con el uso de crudos pesados, pero sólo hay disponibilidad de crudos ligeros, esto podría ocasionar cuellos de botella o ineficiencias en las unidades de procesamiento de la refinería, tales como unidades de destilación, lo que puede causar que la refinería no utilice plenamente toda su capacidad instalada.

El porcentaje de utilización se calcula *sumando* todos los volúmenes de hidrocarburos procesados por la refinería y *dividiendo* estos volúmenes por la capacidad total de refinación.

La empresa de Refinación XYZ procesó volúmenes totales de 300MBPD mientras que su capacidad de refinación global es de 350MBPD. Por lo tanto, la compañía alcanzó una tasa de utilización de la capacidad de refinación del 86%. La causa de la baja utilización en comparación con el trimestre anterior fue el hecho de que una de sus refinerías condujo un programa extensivo de mantenimiento por un tiempo prolongado, afectando así la tasa de utilización.

El porcentaje de utilización de refinación es un indicador ampliamente seguido por los inversores y analistas de bolsa, así como organizaciones como la Agencia de Información de Energía de EE.UU.[85].

Porcentaje de Productos para el Transporte

Este indicador consiste en *sumar* los volúmenes totales de gasolina, combustible de aviación y productos diésel producidos por una refinería y *dividir* estos volúmenes por los volúmenes totales procesados.

La gasolina, el combustible de aviación y el diésel (también conocidos como "productos ligeros") son tradicionalmente los productos refinados más *rentables* que son producidos en una refinería, especialmente en comparación con productos de menor valor como el fuelóleo pesado (en inglés *Heavy Fuel Oil* o HFO), coque de petróleo o asfalto. Este indicador de productos ligeros mide cómo la configuración de la capacidad de refinación de una compañía es capaz de ser más rentable que sus competidores.

Una refinería que está equipada para aumentar la producción de productos ligeros que son de *mayor valor*, mayor será el porcentaje de este indicador y

---

[85] http://www.eia.gov/dnav/pet/pet_pnp_unc_dcu_nus_m.htm

por lo tanto ganancias más altas tendrá una refinería. A la inversa, cuanto menor es este porcentaje, en líneas generales *menos* rentable será la refinería.

Como se mencionó al inicio, este indicador se calcula mediante la *suma* de los volúmenes producidos de gasolina, combustible de aviación y diésel y *dividiendo* esta suma por los volúmenes totales de hidrocarburos procesados por una refinería o empresa.

> *La empresa de Refinación ABC produjo volúmenes de gasolina de 100MBPD, volúmenes de diésel de 40MBPD y volúmenes de combustible para aviones de 30MBPD, lo que suma unos volúmenes totales de productos ligeros de 170MBPD. La empresa ABC reportó volúmenes totales de hidrocarburos procesados de 200MBPD para el mismo período. Por lo tanto, ABC obtuvo un porcentaje de productos para el transporte o productos ligeros durante este período fue de 170 dividido por 200 o el **85%**.*

Ganancias netas por barril

Al igual que el indicador que se discutió en la sección de upstream, las ganancias netas por barril es un indicador financiero que mide la rentabilidad de una empresa con operaciones en downstream. Una empresa con un portafolio de activos de alta calidad, por ejemplo refinerías con una capacidad para producir más productos ligeros, eficiente en el manejo de costes *tendría* a tener mayores ganancias netas por barril que sus competidores. Tenga en cuenta que las ganancias pueden ser ajustadas por ciertas transacciones contables que no impactan el flujo de efectivo, tales como las pérdidas por la reducción del valor de libro de un activo (en inglés *asset impairments*).

El indicador de ganancias netas ajustadas por barril se calcula de dos maneras. Si una empresa o segmento ha incorporado las operaciones de comercialización y suministro, entonces se usa como *denominador* las ventas totales de productos refinados:

- Las ganancias netas contables, *más* ciertos ajustables contables (usualmente los que no impactan los flujos de efectivo) durante el período *dividido* por las ventas totales de productos refinados.

> *La Empresa de Refinación ABC tuvo ganancias netas de $200MM, las cuales incluyen una reducción en el valor de libro de un activo (el cual no impacta los flujos de efectivos) de $40MM y tuvo ventas totales de productos refinados de 10 millones de barriles en el período. Por lo tanto, las ganancias ajustadas fueron de $240MM, que luego se dividen por las ventas totales de*

productos refinados en el período de 10 millones de barriles, lo que equivale a ganancias ajustadas de $24 por barril.

En los casos en que una empresa de refinación no posea un negocio de comercialización o no reporte el indicador de ventas totales de productos refinados, entonces se usan en vez como denominador los *volúmenes totales de hidrocarburos procesados*:

- Las ganancias netas contables, *más* ciertos ajustables contables (usualmente los que no impactan los flujos de efectivo) durante el período *dividido* por los volúmenes totales procesados.

La Empresa de Refinación ABC tuvo ganancias de $100MM, las cuales incluyen una reducción en el valor de libro un activo (el cual no impacta los flujos de efectivos) de $20MM, y procesó unos volúmenes de 6 millones de barriles durante el período. Por lo tanto, las ganancias ajustadas fueron de $120MM, que luego se dividen por el total de los volúmenes de hidrocarburos procesados durante el periodo de 6 millones de barriles, lo que equivale a ganancias netas de $20 por barril.

Efectivo generado por barril

Similar a la discusión en la sección Upstream, el efectivo generado por barril es un excelente indicador de cuánto flujo de caja por barril genera una compañía de downstream. El efectivo total, el numerador, se calcula de la siguiente manera:

- Ganancias netas ajustadas *más*
- Gastos de Depreciación y Amortización (D & A)

Similar a las ganancias por barril, el denominador de este indicador depende de si una empresa de refinación tiene operaciones de comercialización y suministro o no. Si una empresa de refinación tiene operaciones de comercialización, el denominador será el volumen total de las ventas de productos refinados. Si una empresa de refinación no tiene operaciones de comercialización, entonces el denominador sería los volúmenes totales de hidrocarburos procesados.

La empresa de Refinación ABC sólo tiene operaciones de refinación y no tiene operaciones de comercialización. En el 2014 ABC tuvo ganancias netas ajustadas de $200MM, gastos de depreciación y amortización de $50MM mientras que procesó un total de 10MM barriles de hidrocarburos a través de *su sistema de refinación. Por lo tanto, ABC obtuvo en el 2014 $25 de efectivo por cada barril.*

La empresa integrada downstream XYZ tiene operaciones de refinación y comercialización. El año pasado, tuvo ganancias netas ajustadas de $300MM, gatos de depreciación y amortización de $150MM, mientras que los volúmenes de ventas de productos refinados fueron de 15MM barriles. Por lo tanto, el efectivo generado por barril es de $30.

Crack spread de mercado

El crack spread de mercado es un excelente indicador para entender la rentabilidad global del negocio de refinación de petróleo en un determinado tiempo. La razón por la que se le llama "crack spread" es porque una refinería básicamente "craquea químicamente" o transforma los hidrocarburos más pesados o de cadena larga, en hidrocarburos de cadena más corta que su vez son más valiosos y útiles para ser usados en productos finales como la gasolina o diésel. Por ejemplo, la gasolina se puede decir que está compuesta de hidrocarburos que van principalmente de 5 moléculas de carbono (C5 o pentanos) a 9-10 moléculas de carbono (C9-C10), mientras que un petróleo crudo típico podría estar compuesto principalmente de hidrocarburos de C12-C20. El principal objetivo de una refinería es, entonces, transformar de la manera más eficiente el petróleo crudo en productos terminados como gasolina, diésel o gasóleo, combustible para aviones y otros productos. En otras palabras, el crack spread ilustra el *diferencial* de mercado entre los precios de los productos refinados *versus* el precio del petróleo crudo, siendo el petróleo el principal insumo en la fabricación de estos productos.

El crack spread refleja la diferencia entre el precio de compra de petróleo crudo y el precio de los productos refinados. Este indicador tiene muchas variaciones, pero la versión más utilizada es el llamado crack spread "3-2-1". Este crack spread asume que una refinería típica que procesa **3** barriles de petróleo crudo producirá **2** barriles de gasolina y **1** barril de diésel. Este indicador obviamente fluctúa cada vez que cambia el precio del petróleo crudo o de los productos refinados. El indicador de crack spread es tan usado en la industria que existe un boyante mercado de futuros, los cuales se transan en los centros como el la Bolsa Mercantil de Chicago (en inglés *Chicago Mercantile Exchange* o CME) o la Bolsa Mercantil de Nueva York (en inglés *New York Mercantile Exchange* o NYMEX). Estos contratos de futuros se pueden utilizar para analizar las estimaciones del mercado sobre los crack spreads futuros. [86]

Los diferenciales del crack spread pueden variar ampliamente dependiendo de cuáles precios de venta de crudos y de productos refinados se utilizan para calcular este indicador. Otra variable que también afecta al crack spread se basa en qué lugar de destino se calculan, es decir no es lo mismo un crack spread calculado con destino en el estado de Nueva York, que uno basado en una refinería localizada en el estado de Texas.

A continuación se calcula un ejemplo del crack spread 3-2-1 utilizando las siguientes variables:

- Petróleo crudo tipo West Texas Intermediate (WTI)
- Gasolina regular del contrato NYMEX con entrega en la Bahía de Nueva York (NYH, por sus siglas en inglés)
- Diésel de bajo azufre del contrato NYMEX (ULSD, por sus siglas en inglés)

En el mes de julio, el precio del petróleo crudo tipo WTI fue de $100 por barril, el precio de la gasolina del contrato NYMEX fue de $3 por galón ($126 por barril), y el precio del diésel del contrato NYMEX fue de $3.5 por galón ($147 por barril). Utilizando el crack spread tipo 3-2-1 llegamos al siguiente cálculo:

Ventas de productos refinados: 2 barriles de gasolina por $126 es igual a $252, 1 barril de diésel por $147, para un total de ventas de productos refinados de $399. En cuanto al petróleo, el costo del crudo WTI por 3 barriles fue de $100 por barril o $300 en total, el cual se substrae de las ventas. Por lo tanto, el crack spread de mercado bajos estas condiciones es un total de $99, el cual es dividido por 3 para llegar a un crack spread por barril de $33.

---

[86] Para más información visita el manual de crack spreads del Grupo CME: http://www.cmegroup.com/trading/energy/crack-spread-handbook.html

Crack Spread Obtenido o Efectivo

Muchas empresas reportan este indicador, que básicamente compara la cantidad o el porcentaje de un crack spread típico de mercado está efectivamente obteniendo la empresa por cada barril de productos que vende. Muchas de las diferencias entre el crack spread de mercado y el crack spread obtenido de deben a:

- **Configuración del sistema de refinación** de una empresa versus otras empresa, no todas las refinerías teniendo la misma configuración típica de "3-2-1". Muchas refinerías fueron construidas con diferentes unidades que podrían producir quizás más diésel y menos gasolina, teniendo así diferentes rendimientos. Otra razón podría ser que las refinerías de la compañía, basadas en los equipos instalados actual en las refinerías, pueden estar produciendo más de los productos de menor valor tales como asfalto o coque de petróleo.
- **Diferenciales de precio crudo entre un petróleo crudo de referencia** como el WTI o el Brent y el petróleo actual siendo procesado por una refinería. Por ejemplo una refinería podría estar utilizando un petróleo crudo más costoso que el WTI como lo son los crudos libios debido a la configuración de equipos fue diseñada para trabajar con crudos más ligeros.
- **Una combinación** de tanto el crudo que está siendo procesado como la configuración de unidades de la refinería. Por ejemplo si una refinería procesa crudos más baratos y pesados, como lo son el crudo Maya o Merey, y esta refinería está produciendo más diésel, esto afectará en la ecuación de crack spread tanto la parte de insumos (petróleo) como la parte de ventas o productos refinados.
- **Ubicaciones de las Refinerías**: Si una empresa tiene refinerías ubicadas en lugares donde hay una abundante producción de petróleo crudo y por lo tanto esos crudos son comprados por la refinería a descuento, entonces esta refinería tendrá mejor rentabilidad que el típico crack spread "3-2-1" indicaría. Lo mismo pasaría por la parte de las ventas si una refinería está localizada cerca de una mercado de productos refinados más grande, por lo tanto los productos que refine se venderán a mayor precio que una refinería que produzca gasolina lejos de grandes centros de consumo de productos refinados.
- **Efectividad de la organización de mercadeo y suministro de la empresa.** Si en una empresa, su organización responsable del

mercadeo, compra y venta de hidrocarburos es efectiva y óptima, esta organización podrá comprar petróleo *más barato* y vender los productos terminados a *mayor precio* que sus competidores. El crack spread obtenido mide esta efectividad en un sentido dado que una empresa que tenga un crack spread obtenido superior al del mercado posiblemente sea muy efectiva en sus operaciones de mercadeo.

El crack spread obtenido es un indicador reportado por muchas empresas con operaciones en downstream y puede ser muchas veces reflejado como un porcentaje del crack spread de mercado:

En el segundo trimestre, el crack spread de mercado fue de $25 por barril, mientras que el crack spread obtenido por la compañía de refinación ABC fue de $30 por o el equivalente al 120% del crack spread de mercado. El hecho de que el crack spread obtenido fuese más alto que el crack spread de mercado se debió principalmente a la configuración de varias refinerías de ABC que producen más diésel y que durante este trimestre el diésel se vendió por un mayor precio que la gasolina.

Perfil de Flujo de Efectivo de un Activo de Refinación

Un perfil de flujo de efectivo para un activo típico de refinación se puede resumir en los siguientes pasos:

- Realización de estudios de factibilidad y viabilidad económica (*salida de efectivo*)
- Adquisición del sitio para la construcción de la refinería (*salida de efectivo*)
- Inicio de la construcción de la refinería (*salida de efectivo*)
- Finalización de la construcción de la refinería (*salida de efectivo*)
- Compra de inventario de materia prima (principalmente petróleo crudo) antes que la refinería esté operativa (*salida de efectivo*)
- Pagos recurrentes de los suministros como el crudo, gastos operativos y la venta de productos refinados (*entrada de efectivo* por las ventas de productos *menos* los costos de materias primas *menos* los gastos operativos)
- Se realizan cada 3-7 años los llamados *turnarounds* o programas de mantenimiento extendidos (*salida de efectivo*)

- En tiempos de buenos márgenes de ganancias, los ingresos superan consistentemente los costos de materias primas y gastos de operación.
- En épocas de bajo crecimiento económico, los ingresos sólo alcanzan para cubrir los costos de materias primas y los gastos de operación
- En tiempos de recesión económica, los ingresos sólo pueden cubrir el costo de las materias primas (principalmente petróleo), pero no son lo suficiente como para pagar por los gastos de operación, causando que algunas refinerías sean apagadas de forma temporal o permanente

En la siguiente página se presenta este perfil de una manera gráfica para una mejor ilustración.

Capítulo 4 – Downstream 111

Perfil de Flujo de Caja de un Activo de Downstream
Refinería de Baja Complejidad

Año	$MM (Salida)/Entrada	Descripción
2010	(750)	La construcción de la refinería comienza
2011	(500)	La construcción de la refinería continua
2012	(250)	Se termina la construcción a fin de año
2013	400	La refinería es ahora operativa
2014	600	Los márgenes de la refinería se mejoran
2015	150	Hay una recesión económica, los márgenes de refinación se disminuyen
2016	(100)	Los bajos márgenes de refinación continúan
2017	(150)	Debido a los bajos márgenes de refinación, muchas refinerías son cerradas temporalmente
2018	200	Un bajo coste de petróleo crudo mejora los márgenes de refinación
2019	400	Los precios de la gasolina y el diésel suben
2020	500	Los márgenes de refinación suben sustancialmente
NPV @10%	$21.60	

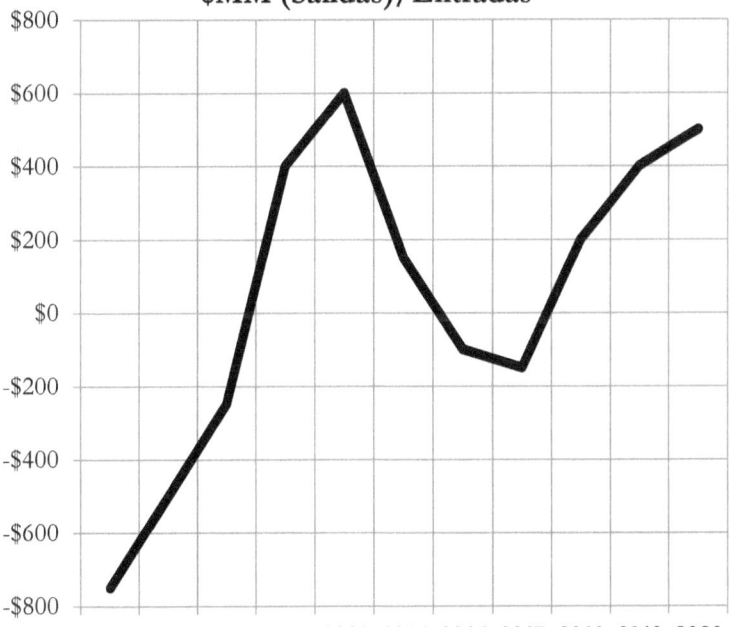

Ejemplo de Flujo de Efectivo - Refinería de Baja Complejidad
$MM (Salidas)/Entradas

Negocio Cíclico

El negocio de downstream es el *más* cíclico de todos los sectores de la industria de petróleo y gas. Como puede verse en el gráfico siguiente[87], los márgenes de negocio downstream fluctúan fuertemente todos los días y tiene recurrentes ciclos de sube y baja:

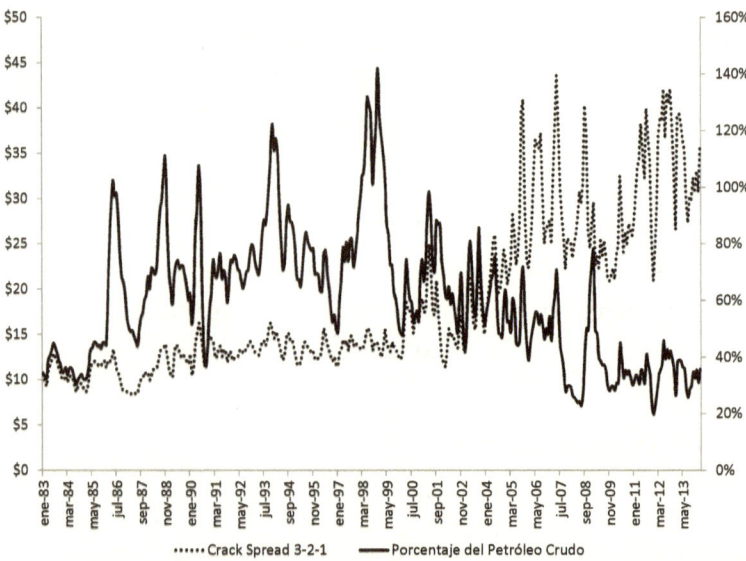

El segundo gráfico muestra cuánto, en dólares por barril del 2009, el margen promedio de las empresas de refinación ha fluctuado desde 1977:

---

[87] Gráfico creada con datos de la Agencia de Información de Energía de EE.UU. : http://www.eia.gov/petroleum/data.cfm#prices

A modo de ejemplo, en los años previos a la crisis económica del 2008, los márgenes de refinación estaban por encima de 4 dólares por barril. Después de la recesión económica global del 2008-2009, los márgenes de refinación disminuyeron sustancialmente y se tornaron *negativos*[88] durante una parte del 2009. Los ciclos económicos de refinación pueden durar de 3 a 6 años y dependen en gran medida del estado de la economía actual. Mientras más próspera es la economía, mayor es la demanda de productos refinados, teniendo la gente mayor poder de compra y por lo tanto conduciendo y tomando más viajes por automóvil, avión como también mayor es el transporte de mercancías en la economía.

A largo plazo, el crecimiento en la demanda de productos refinados cada vez vendrá más de las economías emergentes en América Latina, África, Asia y el Medio Oriente. Las economías de Europa, Japón y los EE.UU., con el tiempo, tendrán a reducir su demanda *absoluta* de productos refinados debido a planes de eficiencias energéticas en curso, tales como motores de vehículos más eficientes, vehículos eléctricos, entre otros. Otro factor es que las economías más desarrolladas no tienen un crecimiento económico tan alto como las economías emergentes. Un hecho innegable es que los vehículos particulares de ahora son significativamente más eficientes en el consumo de combustibles que los vehículos de hace 20 o 30 años, por lo tanto, la tendencia de la demanda de productos refinados en las economías avanzadas en general *tiende* a la baja en los próximo años.

¿Por qué invertir en downstream?

El sector downstream de la industria petrolera, como los 2 sectores antes cubiertos, es pieza fundamental en la industria energética en general, así como para la economía mundial. Sin productos refinados disponibles alrededor del mundo, el petróleo crudo y el gas natural en sus formas *crudas* no tendrían usos valiosos de por sí.

A pesar de que downstream es un negocio cíclico y con una alta volatilidad en los márgenes de refinación, muchas empresas tienen una exitosa presencia en el sector downstream, como por ejemplo la ExxonMobil, que ha sabido combinar la gran capacidad de generación de efectivo de los activos de downstream con los altos rendimientos y ganancias inherentes que tienen las operaciones upstream.

---

[88] El siguiente artículo de la agencia de prensa Reuters detalla como los márgenes de refinación en Texas se tornaron negativos en 2009: http://uk.reuters.com/article/2009/11/16/energy-refineries-margins-idUKLG43092920091116

La siguiente cita de Rex W. Tillerson, presidente y director ejecutivo de ExxonMobil resume las ventajas del modelo integrado:

> *"Los resultados trimestrales de ExxonMobil demuestran la fortaleza de nuestro modelo de negocio integrado. Nuestra integración a través de operaciones en Upstream, Downstream y Petroquímica nos da ventajas competitivas en cuanto a escala, eficiencia, capacidades técnicas y comerciales, independientemente de las fluctuaciones del mercado durante el ciclo económico"*[89]

Una ventaja que las operaciones de downstream, desde una perspectiva financiera, tienen sobre las operaciones de upstream, es el hecho de que una vez que una refinería, terminal o tubería está construida, hay un largo ciclo entre cuando se necesitan efectuar gastos adicionales de capital para mantener los activos en condiciones operativas y continuar procesando los mismo volúmenes, lo cual es bastante diferente de exploración y producción. Para una refinería simple, un ciclo de *turnarounds* o mantenimiento extensivo por lo general puede ser efectuado cada 3 hacia 7 años; en comparación con el coste total de la inversión de la refinería, los gastos de capital adicionales son relativamente bajos. En comparación, en el negocio de exploración y producción se requieren *constantemente* altas inversiones de capital todos los años sólo para mantener los *actuales niveles* de producción de hidrocarburos.

Otro hecho importante de mencionar es a la hora de evaluar una compañía de petróleo y gas integrada, el segmento downstream de la empresa por lo general tiene la mayor cantidad de *ventas consolidadas* en comparación con upstream. Esto se debe al hecho de que las ventas a terceros por lo general se producen desde una perspectiva de downstream. En otras palabras, si en una empresa integrada el segmento de upstream vende crudo al segmento de refinación, la posterior venta se registrará en los estados financieros *consolidados* como la venta de productos refinados es decir la gasolina y no como la venta de crudo del segmento exploración y producción hacia refinación. Según las normas contables, las ventas entre segmentos son eliminadas en el proceso de consolidación de estados financieros, dado que no hacerlo ocasionaría que las ventas de la empresa estuvieran sobre reportadas[90]. Una razón adicional es el hecho histórico de que downstream es tradicionalmente el sector de la industria de petróleo y gas que tiende a

---

[89] http://news.exxonmobil.com/press-release/exxon-mobil-corporation-announces-estimated-third-quarter-2014-results
[90] Ejemplo: Total 2013 20-F Form, página F-9 "Principles of Consolidation"

tener la mayor cantidad de ventas, pero sus márgenes y ganancias son *significativamente más bajos* que las operaciones de exploración y producción.

Es importante recalcar la importancia de las empresas del sector downstream. Como conductores y consumidores, somos beneficiarios de los productos que estas empresas en downstream suministran a cada estación de servicio, tales como combustible para uso en el transporte como también los cientos de usos que tienen los productos derivados del petróleo tales como aceites, lubricantes, plásticos y otros.

Desde el punto de vista de un inversionista, las empresas en downstream representan oportunidades únicas, tales como:

- Alta generación de flujos de efectivos operativos.
- Gastos de capital recurrentes *relativamente* bajos.
- Proveer un balance contra cíclico contra los precios bajos del petróleo, tal como en el momento de escritura de este libro[91].

---

[91] A Noviembre del 2015, el precio del petróleo crudo rondaba los $45-$55 por barril. Esto es comparación con apenas hace un año, cuando en Junio de 2014 los precios del petróleo estaban en $100-$110 por barril.

Capítulo 5 - Petróleos Mexicanos (PEMEX)
www.pemex.com

Información General de la Empresa

Petróleos Mexicanos, o PEMEX para abreviar, es la compañía más grande de México[92], el mayor contribuyente[93] y una de las compañías más grandes de Latinoamérica. PEMEX está organizada en cuatro subsidiarias: Exploración y Producción, Refinación, Gas y Petroquímica Básica y Petroquímica. PEMEX fue fundada en 1938, después de que el presidente mexicano Lázaro Cárdenas nacionalizara los activos de todas las empresas extranjeras de petróleo y gas que operaban para ese tiempo en México. Pemex tiene su sede en la Ciudad de México y en la actualidad tiene más de 150,000 empleados, la mayoría de los cuales están empleados en actividades de exploración y producción[94]. PEMEX presenta un reporte 20-F ante la Comisión de Valores o *Securities and Exchange Commission* (SEC) de los Estados Unidos, ya que utiliza los mercados de capitales de Estados Unidos para acceder a fuentes de financiamiento, principalmente a través de la emisión de bonos.

Información de Upstream

PEMEX, al final del 2014 tenía reservas probadas totales de hidrocarburos líquidos de 10,292 millones de barriles de petróleo crudo, líquidos y condensados[95]. Por su parte, las reservas probadas de PEMEX de gas natural fueron de 10,859 billones de pies cúbicos. Esto indica que las reservas probadas totales de hidrocarburos, tantos de gas natural y líquidos fueron de 12,380 millones de BPE al cierre del ejercicio del 2014[96]. Para el mismo año, PEMEX logró una tasa de reemplazo de reservas de alrededor de 39% con respecto al 2013. Los seis campos petroleros más importantes, en cuanto a reservas probadas se refieren son los siguientes[97]:

- Ku-Maloob-Zaap con 3,112 millones de BPE
- Akal con 1,565 millones de BPE
- Antonio J. Bermúdez con 1,243 millones de BPE

---

[92] PEMEX 2013, forma 20-F, página 14
[93] http://www.pemex.com/acerca/quienes_somos/Paginas/default.aspx
[94] PEMEX Reporte 20-F 2014, página 189
[95] Reporte 20-F 2014 de PEMEX, página F-128
[96] Bis, página 38
[97] Bis

- Aceite Terciario del Golfo con 798 millones de BPE
- Jujo-Tecominoacán con 583 millones de BPE
- Tsimin con 395 millones de BPE.

PEMEX opera uno de los mayores campos costa afuera en el mundo, el campo Cantarell (un yacimiento petrolífero denominado *súper-gigante*[98]), que fue descubierto en 1971, y fue colocado en un proceso de inyección de gas nitrógeno al final de 1990, para así aumentar la producción de hidrocarburos[99]. Otro campo de clase mundial operado por PEMEX es el combinado Ku-Maloob-Zaap, que en el 2014, era el campo petrolero más grande de PEMEX con 857MBPD de producción de petróleo y con unas reservas probadas de 3,112 millones de BPE al cierre del ejercicio del 2014[100].

En el 2014, Pemex produjo 2,572MPBD de barriles de petróleo crudo y líquidos[101], uno de los productores de petróleo más grande del mundo, con alrededor de 1,142MBPD que se exportaron, la mayoría, a Estados Unidos. Pemex también tiene una importante producción de gas natural, que en el 2014 fue de aproximadamente 5,758MMPCD, la mayor parte de esta producción se consume en el país. México importó cerca de 1,358MMPCD de gas natural en el 2014, principalmente de los Estados Unidos[102].

La producción total de hidrocarburos de PEMEX en el 2014 fue de 3,572MBPED. Pemex opera alrededor de 9,000 pozos, lo que se traduce en una producción promedio por pozo de 393BPED[103].

En el 2014, Pemex perforó 535 pozos, de los cuales 454 eran pozos de desarrollo y los restantes, pozos de exploración. A finales del 2014, Pemex tenía un total de 9,077 pozos en operación, de los cuales 5,598 eran pozos de petróleo crudo, mientras que los restantes 3,479 eran pozos de gas natural. Al cierre del ejercicio del 2014, Pemex tenía 258 plataformas marinas, de las cuales 174 fueron plataformas de perforación y las plataformas restantes estaban siendo utilizadas para producción, compresión, instalaciones, medición y otros usos.

---

[98] Un yacimiento "súper-gigante" es usualmente definido como un campo petrolero que produce más de 1MMBPD
[99] http://www.ogj.com/articles/print/volume-99/issue-11/drilling-production/worlds-largest-n2-generation-plant-starts-up-for-cantarell-reservoir-pressure-maintenance.html
[100] Reporte 20-F 2014 de PEMEX, páginas 38 y 42
[101] Incluye volúmenes de Petróleo crudo de 2,360MBPD y volúmenes de condensado de 44MBPD
[102] PEMEX, cuadros anexos 2014, tabla 17
[103] Reporte 20-F 2014 de PEMEX, página 33

Pemex organiza su negocio de exploración y producción en 3 regiones geográficas y unidades de negocio asociadas:

- Regiones Marinas
- Región Sur
- Región Norte

Regiones Marinas
En el 2014, las regiones marinas produjeron 1,851MBPD de petróleo crudo y 3,088MMPCD de gas natural de los siguientes campos petroleros:

- **Ku-Maloob-Zaap**, 857MBPD y 571MMPCD
- **Cantarell**, 375MBPD y 1,121MMPCD
- **Litoral de Tabasco**, 320MBPD y 843MMPCD
- **Abkatún-Pol-Chuc**, 299MBPD y 553MMPCD

Región Sur
En el 2014, la Región Sur produjo 452MBPD de petróleo crudo y 1,515MMPCD de gas natural a partir de las siguientes áreas:

- **Samaria-Luna**, 161MBPD y 583MMPCD
- **Bellota-Jujo**, 125MBPD y 289MMPCD
- **Cinco Presidentes**, 89MBPD y 153MMPCD
- Unidades de negocio Macuspana-Muspac, 77MBPD y 491MMPCD

Región Norte
En el 2014, la región Norte produjo 125MBPD de crudo 1,929MMPCD de gas natural a partir de las siguientes áreas:

- **Aceite Terciario del Golfo**, 49MBPD y 150MMPCD
- **Poza Rica-Altamira**, 60MBPD y 103MMPCD
- **Burgos**, 5MBPD y 1,221MMPCD
- **Veracruz**, 11MBPD y 455MMPCD

Información de Downstream
PEMEX tiene una capacidad de refinación[104] total de alrededor de 1,602MBPD, siendo la producción total de productos refinados de 1,321MMBPD[105]. En el 2014 la compañía produjo 422MBPD de gasolina,

---

[104] Reporte 20-F 2014 de PEMEX, página 30. Basado en destilación atmosférica
[105] PEMEX, cuadros anexos 2014, tabla 11

546MBPD de diésel y gasóleo y 53MBPD de combustible de avión, indicando que el 87% de los productos refinados por PEMEX son destinados al transporte, los llamados "productos ligeros" de un total de productos refinados de 1,321MBPD[106]. En el 2014, PEMEX alcanzó un porcentaje promedio de utilización en sus refinerías del 72%, basado en un total de crudo procesado de 1,115MBPD[107] y una capacidad de destilación de 1,602MBPD[108].

Refinerías

A finales del 2014, Pemex poseía y operaba seis refinerías:

- **Cadereyta**, situada en el estado de Nuevo León, procesó un promedio de 189MBPD[109] de petróleo crudo en el 2014 y tiene una capacidad de 292MBPD[110]
- **Madero**, ubicada en el estado de Tamaulipas, procesó un promedio de 112MBPD de petróleo crudo en el 2014 y tiene una capacidad de 190MBPD
- **Minatitlán**, ubicada en el estado de Veracruz, procesó un promedio de 167MBPD de petróleo crudo en el mismo período y tiene una capacidad de 320MBPD
- **Salamanca**, situada en el estado de Guanajuato, procesó un promedio de 171MBPD de petróleo crudo en el 2013 y tiene una capacidad de 236MBPD
- **Salina Cruz**, ubicada en el estado de Oaxaca, procesó un promedio de 270MBPD y tiene una capacidad de 320MBPD
- **Tula**[111], situada en el estado de Hidalgo, procesó un promedio de 255MBPD y tiene una capacidad de 320MBPD

En adición, desde 1993, Pemex, a través de una filial, ha participado en una sociedad limitada con Shell Oil en la refinería Deer Park, ubicada en Deer Park, Texas, EE.UU., que tiene la capacidad de procesar 340MBPD de petróleo crudo. En virtud de este acuerdo, Pemex y Shell, cada una proporciona el 50% del suministro de petróleo crudo de esa refinería[112].

---

[106] Bis, tabla 11
[107] Reporte 20-F 2014 de PEMEX, página 54
[108] Bis
[109] Anuario Estadístico Pemex 2014, página 42
[110] http://abarrelfull.wikidot.com/pemex-refineries
[111] Fuente: PEMEX también está construyendo una nueva refinería también llamada "Tula". Todas las referencias en este libro a Tula son a la refinería actual y no al proyecto futuro.
[112] Reporte 20-F 2014 de PEMEX, página 54

Red de tuberías y Procesamiento de Gas

Pemex tiene una extensa red de gasoductos y oleoductos, que consta de 41,753kilómetros de tuberías (en operación), de los cuales 2,071 kilómetros se encuentran en las regiones marinas, 8,634 kilómetros en la región Sur y 25,879 kilómetros en la región Norte[113].

PEMEX procesó en el 2014 aproximadamente 4,343MMPCD de gas natural en sus operaciones y produjo alrededor de 364MBPD de líquidos de gas natural (LGN). En el área de procesamiento de gas, Pemex, a través de Pemex-Gas y Petroquímica Básica, posee y opera 9 instalaciones en 2 regiones:

- Región Sur de Procesamiento de Gas
- Región Norte de Procesamiento de Gas

Región Sur de Procesamiento de Gas

- **Nuevo Pemex** contiene 13 plantas de gas que procesaron 876MMPCD de gas natural y 77MBPD de LGN, así como 118,000 toneladas de azufre[114].
- **Cactus** cuenta con 22 plantas que combinadas procesaron 829MMPCD de gas natural, 52MBPD de LGN, así como 205,000 toneladas de azufre.
- **Ciudad Pemex** tiene 8 plantas que juntas procesaron 738MMPCD de gas natural y 205,000 toneladas de azufre.
- **La Venta** tiene 1 planta que procesó 144MMPCD del gas natural
- **Matapionche** tiene 5 plantas que combinadas procesan 21MMPCD de gas natural, 1MBPD de LGN y 4,000 toneladas de azufre.
- **Área de Coatzacoalcos**, que se compone de las plantas de gas Morelos, Cangrejera y Pajaritos, que combinadas procesaron 186MBPD de LGN.

Región Norte de Procesamiento de Gas

- **Burgos** dispone de 9 plantas que procesaron 832MMPCD combinados de gas natural y 39MBPD de LGN en el 2014.
- **Poza Rica** tiene 5 plantas que combinadas procesaron 173MMPCD de gas natural, 4MBPD de líquidos de gas natural y 2,000 toneladas de azufre.

---

[113] Ibid, página 51
[114] Ibid, página 62

- **Arenque** contiene 3 plantas que procesaron 27MMPCD de gas natural, 1MBPD de LGN y 3,000 toneladas de azufre[115].

Petroquímica

PEMEX produjo un total de 7.4 millones de toneladas[116] de petroquímicos en el 2014, incluidos los derivados de metano y etano. Los 2 mayores productos elaborados por Pemex-Petroquímica son derivados del metano (2.4 millones de toneladas) como el amoníaco y metanol, y derivados del etano (2.1 millones de toneladas), tales como etileno, polietileno, vinilo, óxido de etileno y glicoles

Pemex-Petroquímica posee 8 complejos petroquímicos con una capacidad instalada total, al final del 2014, de 9.1 millones de toneladas de productos por año:

- **Cosoleacaque** 3.2 millones de toneladas por año
- **Cangrejera** 3.4 millones de toneladas por año
- **Morelos** 2.3 millones de toneladas por año
- **Independencia** 0.2 millones de toneladas por año
- Otras instalaciones, incluyendo **Escolín**, **Camargo** y **Tula** no estaban en operación en el 2014

Indicadores de la Empresa

En el 2014, Pemex tuvo ventas consolidadas de $108 mil millones, ganancia operativa antes de impuestos de $42 mil millones, un EBITDA de $52 mil millones, y tuvo pérdidas contables de $18 mil millones en el mismo año[117]. La mayoría de estas pérdidas son atribuibles al alto nivel de impuestos que Pemex tiene que pagar al gobierno mexicano. Pemex tuvo un retorno sobre capital empleado (RCE) de *negativo* 15.4%, principalmente como consecuencia de las pérdidas en el segmento de refinación, así como transferencias al Gobierno de México en el 2014, con el retorno en efectivo sobre capital empleado (RECE) para el mismo período siendo un *negativo* 7.8%. La tasa efectiva de impuestos de la compañía para el 2013 fue de 155%.

Pemex en el 2014 generó flujos de efectivo operativos en el orden de $9.1 mil millones, mientras que los gastos de capital de la compañía en el 2013 fueron $15.7 mil millones. AL final del 2014, Pemex tenía activos totales de

---

[115] Reporte 20-F 2014 de PEMEX, página 63
[116] Ibid, página 74
[117] Ibid, F-4

$145 mil millones, deuda total de $78 mil millones y patrimonio neto *negativo* de $52 mil millones, lo que indica una relación de deuda total a patrimonio de *negativo* 149%.

En términos de métricas por empleado, las pérdidas ajustadas por empleado (en base a 154M empleados al cierre del ejercicio 2014) fueron de $117,616 mientras que el flujo de caja operativo por empleado fue de positivo $59,510.

Reforma Energética de México

A finales del 2013 y a lo largo del 2014, el Congreso mexicano se encontraba en el proceso de debate y aprobación de una reforma a las leyes de hidrocarburos en México. Estas reformas tendrán un impacto en las actividades petroleras en el país y afectarán a PEMEX de las siguientes maneras:

- De acuerdo con la Constitución Mexicana, todos los hidrocarburos seguirán siendo propiedad del Estado Mexicano.
- PEMEX será convertida de una entidad pública descentralizada a una empresa estatal productiva dentro de los dos años de la promulgación de esta reforma. PEMEX ganará niveles adicionales de autonomía técnica, administrativa y presupuestaria.
- Transferencia de ciertos activos de procesamiento de gas y petroquímica (principalmente la infraestructura de gasoductos) a una entidad pública descentralizada (Centro Nacional de Control de Gas Natural).
- Aumento del nivel general de la participación en el sector de petróleo y gas de México de las empresas privadas. A estas empresas se les permitirá realizar inversiones conjuntas con PEMEX a través de los siguiente acuerdos contractuales[118]:
  - Licencias de exploración y producción, mediante el cual un titular de la licencia tendrá derecho a *una porción* de los hidrocarburos una vez que estos se extraen del subsuelo.
  - Los contratos de producción compartida, también conocidos en inglés como *Production Sharing Agreements*, por el cual el titular de este contrato tendría derecho a recibir un *porcentaje* de la producción de hidrocarburos.
  - Los contratos de reparto de ganancias, por lo que el titular de uno de estos contratos tendría derecho a recibir un

---

[118] PEMEX 2013 20-F form, page 16

porcentaje de las *ganancias obtenidas* de la venta de los hidrocarburos extraídos.
   o Contratos de Servicios, por el que una empresa recibiría pagos en efectivo por servicios prestados.
- Contabilidad de las reservas: las compañías de petróleo y gas de propiedad estatal y privada podrán reportar las asignaciones o los contratos y los correspondientes beneficios para fines contables y financieros. Este tratamiento es similar al de otros países, con lo que se permitirá a las empresas a reservar su parte proporcional de estas reservas probadas a través de un *Production Sharing Agreement* o en el caso de participación en beneficios o contratos, a las empresas se les permitiría reservar los ingresos futuros de su parte de los beneficios futuros estimados.
- Dar a Pemex el derecho de preferencia sobre el desarrollo de los recursos mexicanos antes de que las empresas privadas comiencen las rondas de licitación[119].

Con estas reformas, se espera que la industria de petróleo y gas de México tenga un mayor nivel de inversión extranjera y una mayor producción de hidrocarburos en el futuro[120]. Según un artículo reciente de la Agencia de Información de Energía de Estados Unidos, esta reforma podría aumentar la producción de petróleo crudo y líquidos en México en un 75% a 3.7MMBPD en el 2040[121].

---

[119] http://www.eia.gov/todayinenergy/detail.cfm?id=17691
[120] http://www.eia.gov/todayinenergy/detail.cfm?id=16431
[121] http://www.eia.gov/todayinenergy/detail.cfm?id=17691

Capítulo 6 - Petróleos de Venezuela (PDVSA)
www.pdvsa.com

Información General de la Empresa

Petróleos de Venezuela o PDVSA, fue creada en 1975 después de que Venezuela nacionalizó los activos de las compañías petroleras extranjeras en el país. PDVSA cuenta actualmente con más de 121,752 empleados[122], operaciones en Venezuela, los EE.UU. (principalmente a través de su filial CITGO), Países Bajos y Reino Unido. PDVSA tiene su sede en Caracas, Venezuela. Con una producción de crudo de un poco menos de 3MMBPD, la revista *Petroleum Intelligence Weekly* ha clasificado a PDVSA como la quinta mayor compañía de petróleo y gas en el mundo, después de Saudi Aramco, NIOC, ExxonMobil y CNPC[123].

Hasta 1997, PDVSA realizó sus operaciones a través de 3 empresas operadoras afiliadas, Lagoven, Maraven y Corpoven. En 1998 estas 3 empresas operadoras se fusionaron en una sola y el nombre de la entidad de PDVSA fue cambiado a PDVSA Petróleo y Gas. A partir de 2007, ciertos activos en la Faja del Orinoco fueron nacionalizados y en reemplazo varias *Empresas Mixtas* fueron creadas con las operadoras internacionales. Una Empresa Mixta es un tipo de entidad que es bastante similar al término en inglés *Joint Venture*.

Las operaciones de PDVSA son supervisadas por el Ministerio del Poder Popular de Petróleo y Minería de Venezuela. La fuerza laboral de PDVSA se compone de 121,752 empleados que se dedican a operaciones relacionadas con el petróleo y mientras que otros 30,320 empleados adicionales se dedican principalmente a actividades *no relacionadas* con el negocio petróleo, para una fuerza laboral combinada de 152,072 empleados[124]. PDVSA está organizada en los siguientes segmentos operativos:

- **Exploración y Producción**, responsable de encontrar, desarrollar y producir hidrocarburos, además de estar involucrada en actividades de mejoramiento de crudo pesado y extra-pesados

---

[122] Informe de Gestión Anual PDVSA 2014, página 29
[123] http://www.pdvsa.com/index.php?tpl=interface.sp/design/biblioteca/readdoc.tpl.html&newsid_obj_id=12141&newsid_temas=110
[124] Informe de Gestión Anual PDVSA 2014, página 29

- **Refinación, Comercialización, Suministro y otros**, responsable de la operación de refinerías, oferta y la comercialización de petróleo crudo y productos refinados en Venezuela y en el extranjero. En los Estados Unidos, PDVSA a través de su filial Citgo es responsable de operar 3 refinerías, así como del suministro y comercialización de productos refinados en las áreas del este y del medio oeste de los EE.UU, principalmente bajo la marca CITGO.
- **PDVSA Gas**, responsable de la operación de las plantas de procesamiento de gas natural, así como de la comercialización, transporte, suministro y fraccionamiento de LGN y gas natural.

Información de Upstream

En el primer trimestre del 2013, se crearon 33 Empresas Mixtas o negocios conjuntos, basadas principalmente en el tipo de petróleo crudo producido. El primer conjunto de Empresas Mixtas se estableció sobre la base tradicional de petróleo crudo de gravedad ligera a media y se compone de 16 empresas. El segundo grupo, que son para los crudos ligeros a medianos según las regiones geográficas, son de 3 empresas. El tercer set, se destinan a los crudos ligeros a medianos que requieren la inyección de vapor. Por último, el cuarto conjunto de las empresas son de crudos pesados con un proceso mejorador y se compone de 12 empresas como Petropiar, SA, Petroindependencia, SA, Petromonagas SA y otros[125].

PDVSA posee una de las mayores reservas de crudo del mundo. A partir del 2014 estas reservas probadas eran de aproximadamente 300 mil millones de barriles de petróleo crudo, siendo la mayoría de crudo pesado y extra pesado. Los crudos extra pesados se definen como aquellos con una gravedad API de menos[126] de 8. Estos petróleos crudos pesados y extra pesados se encuentran principalmente en la Faja del Orinoco (también conocida como la *Faja Petrolífera del Orinoco Hugo Chávez Frías*) en el este de Venezuela. Los crudos convencionales representan un poco más del 14% de las reservas totales probadas, mientras que los crudos extra pesados representan el 86% restante. Cerca de 13 mil millones de barriles o el 4.3% de estas reservas totales de petróleo son reservas probadas *desarrolladas*; por lo tanto, serán necesarias *sustanciales* inversiones en el futuro cercano para convertir estas *reservas probadas* en *reservas probadas desarrolladas*. PDVSA

---

[125] INFORME DE GESTIÓN ANUAL 2013 DE PETRÓLEOS DE VENEZUELA, S.A., página 25
[126] PDVSA Estados Financieros Consolidados 2013

también posee significativas reservas probadas de gas natural, actualmente alrededor de 198,368MMMPC[127].

En el 2014, PDVSA produjo un promedio de 2.8MMBPD de petróleo crudo y líquidos de gas natural, mientras que la producción de gas fue de 4,818MMPCD. Esto se traduce en una producción total de hidrocarburos de 3.7MMBPED[128]. PDVSA alcanzó una tasa de reemplazo de reservas del 234% en el año 2014 en comparación con 2013. PDVSA, al final del 2014, operaba o tenía una participación en 14,710 pozos productivos[129] en Venezuela, lo que indica una producción promedio de hidrocarburos por pozo de 254BPED en el 2014.

En el mismo año, PDVSA produjo petróleo crudo y LGN y gas natural de las siguientes cuencas:

- Maracaibo-Falcón con 750MBPD de hidrocarburos líquidos y 718MMPCD de gas natural
- Barinas-Apure con 38MBPD de hidrocarburos líquidos y 36MMPCD de gas natural
- Oriental con 1,997MBPD de hidrocarburos líquidos y 6,668MMPCD de gas natural

Producción y Reservas de los Principales Campos

La tabla siguiente resume datos importantes de los principales campos petroleros de PDVSA[130]:

Nombre del Campo	Ubicación	Año del Descubrimiento	Producción (MBPD)	Reservas Probadas (MMBbls)	Relación de Reservas Probadas / Producción (Años)
Zuata Principal	Monagas	1985	260	54,002	568
Cerro Negro	Anzoátegui	1979	170	32,532	524
Cerro Negro	Monagas	1979	261	23,101	243
Zuata Norte	Anzoátegui	1981	30	9,615	873
Uverito	Monagas	1979	14	9,473	1,868
Huyapari	Anzoátegui	1979	153	408	73
Bare	Anzoátegui	1950	54	1,854	95
Dobokubi	Anzoátegui	1981	46	216	130
Jobo	Monagas	1953	10	1,306	348
Melones	Anzoátegui	1955	26	1,082	116

---

[127] Informe de Gestión Anual PDVSA 2014, página 41
[128] Ibid, página 46
[129] Annual Statistical Bulletin de la OPEP, tabla 3.4 "Producing wells in OPEC members"
[130] Informe de Gestión Anual PDVSA 2014, página 42

Nombre del Campo	Ubicación	Año del Descubrimiento	Producción (MBPD)	Reservas Probadas (MMBbls)	Relación de Reservas Probadas / Producción (Años)
Tía Juana Lago	Zulia	1925	88	2,809	87
Bloque VII: Ceuta	Zulia	1956	78	2,018	71
Bachaquero Lago	Zulia	1930	55	154	77
Urd. Oeste Lago	Zulia	1955	53	1,362	70
Boscán	Zulia	1945	100	1,504	41
Lagunillas Lago	Zulia	1913	48	1,141	66
Tía Juana Tierra	Zulia	1925	24	114	128
Lagunillas Tierra	Zulia	1913	41	941	62
Urd. Este Lago	Zulia	1955	5	532	313
Bloque III: Centro	Zulia	1957	5	506	277
Santa Bárbara	Monagas	1993	174	1,419	22
Mulata	Monagas	1941	182	1,206	18
El Furrial	Monagas	1986	241	980	11
Orocual	Monagas	1958	14	620	122
Travi	Monagas	2004	1	447	833
El Carito	Monagas	1988	49	261	15
Boquerón	Monagas	1989	7	201	84
Jusepín	Monagas	1944	17	193	32
Corocoro	Sucre	1998	35	125	10

Desarrollos Recientes

PDVSA planea aumentar su producción de petróleo crudo de los actuales 3.7MMBPD a 6MMBPD en el 2019, con 4MMBPD procedente de la producción de petróleo pesado de la Faja del Orinoco. Por la parte de las exportaciones, PDVSA está buscando diversificar el destino de sus exportaciones y aumentar las exportaciones a Asia (proyectado en 3.2MMBPD) y hacia América Latina y el Caribe (1.3MMBPD).

Información de Downstream

La capacidad de refinación total actual de PDVSA es 2,822MBPD[131], 1,303MBPD de esta capacidad se encuentra en Venezuela y 1,519MBPD se encuentra en el extranjero (principalmente en los EE.UU. través de su filial Citgo), convirtiendo a PDVSA en la sexta compañía más grande de refinación en el mundo. La empresa cuenta con más de 5,000 kilómetros de

---

[131] Basado en la capacidad neta. Fuente: Informe de Gestión Anual PDVSA 2014, página 73

oleoductos en Venezuela, más de 5,000 kilómetros de tuberías de gas natural, más de 1,700 estaciones de servicio en todo el país y una capacidad bruta de fraccionamiento de Líquidos de Gas Natural de 268 MBPD[132].

Refinerías

PDVSA, incluyendo su filial Citgo, tiene una participación u opera 18 refinerías en todo el mundo:

- **Centro de Refinación Paraguaná** o CRP se compone de 3 refinerías, el Bajo Grande (16MBPD), Amuay (645MBPD) y Cardón (310 MBD). El CRP es uno de los complejos de refinación más grandes del mundo. Las 3 refinerías están ubicadas en los estados venezolanos de Falcón y Zulia, y pueden producir gasolina de calidad de exportación, así como productos refinados para el mercado interno. Este centro de refinación tiene una capacidad de procesamiento de crudo de 955MBPD, (excluyendo a la refinería Bajo Grande, ya que es una refinería de asfalto).
- **El Palito**, ubicada en el centro de Venezuela, en el estado Carabobo, esta refinería tiene una capacidad de procesamiento de crudo de 140MBPD. El Palito procesa principalmente crudos medianos y convierte esos crudos en productos como gasolina y diésel para el mercado interno, mientras que productos como combustibles para aviación y combustibles residuales se exportan.
- **Puerto La Cruz**, con una capacidad de refinación de crudo de 187MBPD, es una de las refinerías más importantes de PDVSA. La Refinería de Puerto la Cruz inició operaciones en 1950 con una capacidad original de 40MBPD. La Refinería de Puerto La Cruz ha tenido mejoras a través de los años para ampliar y añadir unidades de procesamiento más complejas a la refinería, como el reformado y una unidad de hidrotratado para la producción de diésel con bajo contenido de azufre. Esta refinería produce actualmente alrededor de 73MBPD de gasolina y nafta, 12MBPD de combustible de aviación, 43MBPD de diésel y 73MBPD de combustible residual, que se venden en los mercados nacionales y de exportación.
- **Corpus Christi**, construida a mediados de la década de 1930, esta refinería se encuentra en el estado norteamericano de Texas, y tiene una capacidad de procesamiento de crudo de 157MBPD. La refinería de Corpus Christi procesa principalmente crudos pesados

---

[132] INFORME DE GESTIÓN ANUAL 2013 DE PETRÓLEOS DE VENEZUELA, S.A., page 20

y agrios y los convierte en combustibles de transporte como también en materias primas para la petroquímica, como el Gas Licuado de Petróleo o GLP.

- **Lake Charles**, construida en 1945, es la sexta refinería más grande de los EE.UU., con una capacidad de procesamiento de crudo de 425MBPD. Esta refinería se encuentra en el estado norteamericano de Luisiana y actualmente procesa crudos pesados con alto contenido de azufre en gasolina de alto octanaje, combustible de aviación y diésel con bajo contenido de azufre, así como también produce una gran variedad de productos petroquímicos.

- **Lemont**, construida originalmente en la década de 1920, esta refinería tiene una capacidad de procesamiento de crudo de 167MBPD y se encuentra en el estado norteamericano de Illinois. Esta refinería es capaz de convertir crudos pesados y agrios en productos valiosos como gasolina, diésel, combustible de aviación y otros.

- **Chalmette Refining LLC** es una empresa conjunta con una participación 50/50 entre PDVSA y ExxonMobil, siendo ExxonMobil el operador de esta planta. Esta refinería está ubicada en la ciudad de Chalmette, en el estado norteamericano de Luisiana y tiene una capacidad de procesamiento de crudo de 184MBPD (nominal)[133].

- **Merey Sweeny LP** (MSLP), una empresa conjunta entre PDV Holding y Phillips 66, posee y opera una unidad de coquización retardada, así como una unidad de destilación al vacío que puede procesar 110MBPD en la refinería Sweeny en Texas, propiedad de Phillips 66.

- **Hovensa, LLC**, una empresa conjunta 50/50 entre PDVSA y Hess Corporation, está situada en las Islas Vírgenes de Estados Unidos y tenía una capacidad de refinación de 495 MBD. Principalmente debido a los bajo márgenes de refinación y la competencia de refinerías más eficientes en EE.UU., Hovensa LLC decidió cerrar esta refinería en el 2012. Esta refinería actualmente funciona como terminal de almacenamiento y recibo de hidrocarburos[134].

---

[133] A mediados del 2015, una empresa Estadounidense compró este *joint venture* entre ExxonMobil y PDVSA. Por lo tanto PDVSA, para finales del 2015 ya no tiene una participación en esta refinería. Para más información:
http://www.nola.com/business/index.ssf/2015/06/exxon_sells_chalmette_refining.html
[134] http://hovensa.com/

- **Refinería Isla**, ubicada en la isla caribeña de Curazao, fue construida en 1915 y tiene una capacidad de procesamiento de crudo de 335MBPD. Esta refinería es operada por PDVSA y tiene un contrato de arrendamiento con el gobierno de Curazao que termina en el 2019.
- **Refinería Camilo Cienfuegos**, ubicada en Cuba, cuenta con una capacidad de procesamiento de crudo de 65MBPD con otros planes de expansión para llevar la capacidad a 150MBPD. Cuvenpetrol posee el 51% de esta refinería.
- **Refinería Petrojam Limited Jamaica** tiene una capacidad instalada de procesamiento de crudo de 35MBPD. Esta refinería se encuentra en Jamaica y ha operado de manera rentable desde 1993 y puede producir una variedad de productos derivados del petróleo, como el GLP, gasolina, diésel, combustible para aviones y otros.
- **Refidomsa**, que se encuentra en la República Dominicana, es 51% propiedad del gobierno de la República Dominicana y el 49% de propiedad de PDV Caribe. Esta refinería tiene una capacidad de procesamiento de crudo de 34MBPD, procesa crudos venezolanos y mexicanos, y puede producir productos como el GLP, gasolina, diésel, combustible de aviación y combustibles residuales.

Las exportaciones totales de petróleo crudo de PDVSA en el 2014 fueron de 1,897MBPD mientras que las exportaciones de productos refinados fueron de 460MBPD, para un volumen total de exportación de 2,357MBPD[135].

En el lado Midstream de la empresa, PDVSA planea aumentar el consumo local de gas natural a través de la construcción de más de 8,500 kilómetros de tuberías de largo alcance y cerca de 17,000 kilómetros de gasoductos de distribución para así poder distribuir gas natural a más de 700,000 familias en el 2019[136].

Indicadores Generales de la Empresa

En el 2014, PDVSA generó ventas de $128,000 millones, tuvo un EBITDA de $32,809 millones, gastos de depreciación y amortización de $8,441 millones y ganancias netas de $7,836 millones[137]. Al cierre del 2014, PDVSA tenía activos totales de $226,760 millones y un patrimonio total de $89,757

---

[135] Informe de Gestión Anual PDVSA 2014, página 81
[136] INFORME DE GESTIÓN ANUAL 2013 DE PETRÓLEOS DE VENEZUELA, S.A., page 39
[137] Estados Financieros Consolidados de Petróleos de Venezuela, S.A. 2014, página 3

millones. Con un capital promedio empleado de $170,808 millones, ganancias RCE de $11,000 millones, PDVSA alcanzó una Rentabilidad sobre Capital Empleado o RCE del 6.4%, mientras que la Rentabilidad en Efectivo sobre Capital Empleado o RECE fue del 11.4% en el mismo año. PDVSA logró una rentabilidad sobre patrimonio promedio o RPP del 10.4%. La deuda total de PDVSA al cierre del ejercicio del 2014 era de $45,736 millones mientras que el patrimonio total fue de $89,757 millones, cerrando el año con un ratio de deuda sobre patrimonio (RDP) del 51%. Durante el 2014, PDVSA generó un flujo de efectivo de actividades de operación o FEAO de $14,292 millones, mientras que los gastos de capital fueron de $24,634 millones.

Con una plantilla total de 121,752 empleados, ganancias netas totales de $7,386 millones y flujos de efectivo operativos de $14,292 millones, estas se tradujeron a unas cifras por empleado de $60,664 y $117,386, respectivamente.

Al igual que en cualquier empresa integrada, el segmento de Exploración y Producción es el más grande. En el 2014, PDVSA, en su segmento Upstream tuvo ganancias de $11,230 millones, mientras que su segmento de Refinación, Comercio, Suministro y otros tuvo *pérdidas* de $6,092 millones. PDVSA gas tuvo pérdidas de $1,038 millones, mientras que los otros segmentos tuvieron pérdidas de $1,566 millones. El segmento de Refinación, Comercio y Suministro tiene pérdidas debido principalmente a los precios internos de los combustibles subsidiados en Venezuela. Venezuela tiene la gasolina más barata del mundo, actualmente se sitúa en menos de $0.02 por litro[138] ($0.08 por galón), y esas pérdidas se registran contablemente en este segmento. Es importante tener en cuenta que el segmento de Refinación de PDVSA genera resultados financieros positivos en los EE.UU., a través de su filial Citgo, los cuales fueron alrededor de $1,580 millones en el 2014[139].

PDVSA planea tener gastos de capital en el período 2014-2019 de $302,316 millones, de los cuales $234,357millones se invertirán en Exploración y Producción, $37,739 millones en el segmento de Refinación, Comercialización & Suministro, $18,221 millones en PDVSA Gas, y $11,999 millones en otra organizaciones[140].

---

[138] http://datos.bancomundial.org/indicador/EP.PMP.SGAS.CD
[139] Estados Financieros Consolidados de Petróleos de Venezuela, S.A. 2014, página 24
[140] Informe de Gestión Anual PDVSA 2014, página 34

Capítulo 7 - Petrobras (PBR, PBR-A)
www.petrobras.com

Información General de la Empresa

Petrobras fue fundada en octubre de 1953 como Petróleo Brasileiro[141]; la empresa hoy en día es una de las mayores Empresas Petroleras Nacionales que cotizan en la bolsa de valores. Petrobras es una empresa de energía totalmente integrada, con operaciones en exploración y producción, refinación y comercialización, ventas minoristas de combustibles, comercialización de gas, generación eléctrica y producción de biocombustibles.

Petrobras fue agente exclusivo del gobierno federal brasileño y una empresa totalmente nacional entre 1953 y 1997, pero después de varias reformas, incluyendo una enmienda a la Constitución de Brasil, se estableció en Brasil un sistema de concesión. Este sistema de concesiones permitió la participación de empresas extranjeras en el sector de petróleo y gas de Brasil. Petrobras ha cosechado muchos éxitos recientemente en exploración y producción en las áreas de aguas profundas y ultra profundas[142]. La producción de crudo de Petrobras ha aumentado por un factor de 10 entre 1980 y 2014, pasando de 181MPBD a 2,034MBPD[143].

Petrobras se cotiza en la Bolsa de Valores de Brasil (BOVESPA), así como en la Bolsa de Nueva York bajo el símbolo PBR (acciones ordinarias) y PBR-A (acciones preferenciales). El gobierno brasileño posee 50.26% de las acciones ordinarias en circulación, no tiene participaciones en las acciones preferentes y en total es dueño del 28.67% de todas las acciones de Petrobras[144]. Las acciones de Petrobras (tanto ordinarias y como preferentes) han estado cotizadas en la bolsa de valores BOVESPA desde 1968 y en la Bolsa de Nueva York desde el año 2000[145].

Petrobras tiene su sede en Río de Janeiro, Brasil, y al final del año 2014 tenía alrededor de 80,908 empleados[146].

---

[141] Reporte 20-F 2014 de Petrobras, página 33
[142] http://www.ogj.com/articles/2014/10/petrobras-makes-deepwater-gas-condensate-discovery-in-espirito-santo-basin.html
[143] Petrobras Fact Sheet 2015, página 1
[144] Reporte 20-F 2014 de Petrobras, página 33
[145] Reporte 20-F 2014 de Petrobras, página 33
[146] Ibid, página 127, incluye toda la plantilla de Petrobras, empresas filiales y subsidiarias

Información de Upstream

A finales del 2014, Petrobras tenía 122 plataformas en operación, 13 refinerías, 3 terminales de GNL, 21 plantas eléctricas de energía termal, 36,533 kilómetros de tuberías, 7,931 estaciones de servicio y 257 barcos en su flota[147]. Petrobras tiene operaciones en 18 países, con operaciones de exploración y producción en Brasil, Estados Unidos, América del Sur y África, y con operaciones downstream en Brasil, América del Sur, Estados Unidos, África y Japón.

Aunque el área principal de operaciones de la compañía tanto aguas arriba como aguas abajo es Brasil, la empresa tiene operaciones en América del Sur, en los países de Argentina, Bolivia, Chile, Colombia, Venezuela, Perú, Paraguay y Uruguay. América del Sur (excluyendo a Brasil) representó el 153MBPED o 73% de la producción de Petrobras de operaciones internacionales[148]. En los Estados Unidos, Petrobras tiene operaciones en aguas profundas del Golfo de México, teniendo 139 bloques costa afuera (102 bloques operados por la empresa) en esta área.

En 2014, Petrobras produjo 2,034MBPD de petróleo crudo en Brasil y el objetivo de la empresa es producir en ese país 4,000MBPD de hidrocarburos líquidos, en promedio, en el período 2020-2030[149].

Principales Cuencas Petrolíferas de Petrobras

- **Campos**, es la cuenca más importante en el portafolio de Petrobras, con alrededor de 7,966 millones de BPE en reservas probadas y una producción diaria de 1,526MBPD de petróleo y 548MMPCD de gas natural. Esta cuenca *offshore* o mar fuera, es la más prolífica en Brasil y representa el 71% de la producción de hidrocarburos de Petrobras en Brasil[150]. Actividades de exploración comenzaron en esta cuenca en 1971 y Petrobras posee una concesión del Gobierno de Brasil para realizar actividades de exploración y producción. Esta cuenca es compuesta de varios campos, tales como Espadarte, Roncador, Marlim Sul, Marlm Leste, Badejo y otros.

- **Santos**, esta es la segunda cuenca más importante de Brasil y de Petrobras. Para finales del 2014, esta cuenca representaba para Petrobras unas reservas probadas de 3,641 millones de BPE y tuvo

---

[147] Petrobras Fact Sheet 2015, página 1
[148] Reporte 20-F 2014 de Petrobras, página 64
[149] Ibid, página 35
[150] Ibid, páginas 40 y 42

una producción diaria de 406MBPD de petróleo. Esta cuenca fue descubierta en el 2006, produjo el primer hidrocarburo en 2009 y se espera que sea un área de mucho crecimiento para Petrobras. Esta cuenca está compuesta por varios campos, tales como Merluza, Lagosta, Lula, Uruguá, Baúna, Sapinhoá y otros.

- **Espírito Santo**, en el 2014 Petrobras produjo 52MBPD de petróleo y 154MMPCD de gas natural a lo largo de 42 campos petroleros. Esta cuenca está compuesta de campos como Cachalote, Golfinho, Baleia Azul, Jubarte, Peroá entre otros. Las reservas probadas de petróleo y gas representan 0.6% y 3.3% de todas las reservas probadas de Petrobras.
- **Sergipe-Algoas**, es una de las cuencas en tierra u *onshore* más antiguas del portafolio de Petrobras, representando actualmente el 1.4% y 2% del total de las reservas probadas de Petrobras en Brasil. La producción en el 2014 fue de 49MBPD de petróleo y 74MMPCD de gas natural. Esta cuenca presenta un excelente programa de exploración en aguas ultra-profundas y está compuesta de campos tales como Piranema, Caioba, Camorim, Dourado, Guaricema y otros.
- Otras cuencas, tales como **Potiguar, Polimoes, Reconcavo, Tucano, Jequitinhonha** y **Camamu-Almada**, que en conjunto representan alrededor de 161MBPD de petróleo y 311MMPCD de gas natural en el 2014[151].

Información de Downstream

Petrobras, como empresa integrada, tiene una presencia en el sector downstream, donde posee los siguientes activos:

- 13 refinerías en Brasil, con una capacidad neta de destilación de 2,176MBPD a finales del 2014[152], colocando a Petrobras como unas de empresas de refinación más grandes del mundo.
- 3 refinerías fuera de Brasil, con una planta en EE.UU., Japón y Argentina, teniendo una capacidad de destilación de 230MBPD de petróleo[153].
- Capacidad de petroquímica de 13.4 millones de toneladas métricas

---

[151] Reporte 20-F 2014 de Petrobras, página 47
[152] Ibid, página 48
[153] Ibid, página 64

Refinerías y Principales Plantas de Downstream

Como fue mencionado anteriormente, Petrobras posee 16 refinerías alrededor del mundo[154]:

- **REPLAN** o Paulínia es la refinería más grande de Petrobras, con una capacidad de destilación de 415MBPD de petróleo, lo cual representa un 20% de la capacidad de refinación actual en Brasil. Esta refinería fue inaugurada en 1972 y actualmente posee varias unidades incluyendo destilación, craqueo catalítico, coqueo de petróleo, hidrotratamiento y otras unidades. Esta refinería produce una amplia gama de productos, tales como gasolina, diésel, GLP, combustible de aviación, asfalto, nafta, coque, azufre, entro otros[155].

- **RLMA** o Landulpho Alves, localizada en el estado Bahía cerca de la ciudad Salvador, fue la primera refinería construida en Brasil, y es actualmente la segunda refinería más grande y compleja en ese país con una capacidad de destilación de 315MBPD. Esta refinería cuenta con un total de 26 unidades de procesos y produce más de 30 productos, incluyendo gasolina, diésel, combustible de aviación, asfalto, nafta para uso petroquímico, GLP, lubricantes y otros productos[156].

- **REVAP** o Henrique Lage, con una capacidad de 252MBPD, se encuentra en el Estado de Sao Paulo y fue terminada en 1980. Esta refinería produce una variedad de productos, incluyendo gasolina, diésel, nafta, fuel oil, asfalto y otros.

- **REDUC** o Duque de Caxias, con una capacidad de 239MBPD, fue construida en 1961 y está localizada en el estado de Rio de Janeiro. Esta planta se destaca porque produce el 80% de los lubricantes en Brasil, además de producir los típicos productos como gasolina, diésel, combustible de aviación, azufre y otros, los cuales son comercializados en los mercados de Rio de Janeiro, Sao Paulo, Minas Gerais y otros.

- **REPAR** o Presidente Getúlio Vargas, con una capacidad 208MBPD, esta refinería está localizada en el estado de Paraná, fue inaugurada en 1977. Esta refinería refina productos tales como gasolina, diésel, GLP, combustible de aviación los cuales son

---

[154] http://www.petrobras.com.br/en/our-activities/main-operations/refineries/
[155] http://www.petrobras.com.br/en/our-activities/main-operations/refineries/paulinia-replan.htm
[156] http://www.petrobras.com.br/en/our-activities/main-operations/refineries/landulpho-alves-rlam.htm

enviados a los mercados de Paraná, el sur de Sao Paulo y Mato Grosso do Sul.

- **REFAP** o Alberto Pasqualini, con una capacidad de 201MBPD, está localizada en el estado de Rio Grande do Sul, produce diésel, gasolina, GLP, solventes, coque de petróleo, azufre y otros productos.
- **RPBC** o Presidente Bernardes, con una capacidad de 170MBPD, produce gasolina de alto octanaje, coque de petróleo, nafta, bunker fuel, hidrógeno, gases para usos petroquímicos y otros productos y está localizada en el estado de Sao Paulo.
- **REGAP** o Gabriel Passos, con una capacidad de 157MBPD, esta refinería fue construida en 1970 y tuvo expansiones subsecuentes que aumentaron la complejidad de las unidades de procesamiento. Esta refinería suple los mercados de Minas Gerais con productos tales como gasolina, diésel, bunker fuel, GLP, azufre y turpentina.
- **RNEST** o Abreu e Lima, localizada en Ipojuca, en el estado Brasilero de Pernambuco, tuvo a finales del 2014 una capacidad de destilación de 74MBPD, pero está bajo un proceso de expansión, lo cual llevará la capacidad total de destilación a 230MBPD en el 2018[157]. Esta refinería tendrá una alta producción (+/-70%) de diésel de bajo contenido de azufre, y está compuesta de dos trenes de procesamiento con unidades de coque, hidrotratado, unidades de reducción de emisiones y otras.
- **RECAP** o Capuava, esta refinería tiene una capacidad de 53MBPD y es una de las refinerías más antiguas de Brasil. Esta planta suple a complejos petroquímicos como también parte del mercado del área metropolitana de Sao Paulo con combustibles de transporte.
- **REMAN** o Isaac Sabbá tiene una capacidad de 46MBPD y está localizada al norte de Brasil en el estado de Roraima, fue inaugurada en 1957.
- **RPCC** o Potiguar Clara Camarao, localizada en la ciudad industrial de Guamaré, en el estado Río Grande do Norte, tiene una capacidad de destilación actual de 38MBPD. Esta refinería cuenta con dos unidades de destilación, una unidad de regeneración caustica y una unidad de producción de gasolina[158]. Esta refinería

---

[157] http://www.petrobras.com.br/en/our-activities/main-operations/refineries/abreu-e-lima-refinery.htm
[158] http://www.petrobras.com.br/en/our-activities/main-operations/refineries/potiguar-clara-camarao.htm

produce gasolina, diésel, nafta de calidad para la petroquímica y combustible de aviación.

- **LUBNOR**, con una capacidad de 8MBPD, es una refinería de asfalto y lubricantes localizada en el estado de Ceará.
- En los EE.UU., Petrobras opera la Pasadena Refining System o **PRSI**, la cual tiene una capacidad de destilación de 100MBPD.
- En Japón, Petrobras opera una refinería en Okinawa llamada **NSS** o Nansei Sekiyu Kabushiki Kaisa con una capacidad de destilación de 100MBPD.
- En Argentina, la empresa posee la refinería **Ricardo Elicabe** con una capacidad de 30MBPD[159].

Indicadores Generales de la Empresa

Petrobras, al final del 2014, tenía una capitalización de mercado de aproximadamente $48,165 millones. Sus acciones ordinarias cotizadas como ADRs (PBR) en Nueva York cerraron el año 2014 con un valor de $7.30 por acción y las acciones preferenciales (PBR-A) con un precio de $7.58. Durante el 2014, Petrobras tuvo ventas consolidadas de $143,657 millones[160], un EBITDA de $10,900 millones, pérdidas *contables* netas de $7,367 millones y unas ganancias netas *ajustadas* de $9,456 millones[161]. Petrobras tuvo un capital empleado promedio en el 2014 de $277 mil millones, lo cual indica que su rentabilidad sobre capital empleado o RCE fue de *negativo* 1.5%, basado en unas pérdidas RCE de $4,168 millones. En términos de efectivo, la rentabilidad en efectivo sobre capital empleado o RECE fue de 3.2% en el mismo período. Petrobras tuvo un patrimonio promedio en el 2014 de $133 mil millones, lo que indica una rentabilidad sobre patrimonio promedio o RPP de *negativo* 5.6%.

Durante el 2014 Petrobras distribuyó a sus accionistas (tanto ordinarios como preferentes) la cantidad de $3,918 millones.

Petrobras generó flujos de efectivo por actividades de operación (FEAO) por un total de $26,632 millones en el 2014, distribuyendo a sus accionistas, tanto ordinarios como preferentes, la cantidad de $3,918 millones o alrededor del 15% del FEAO. Petrobras, en el mismo año, tuvo gastos de

---

[159] Reporte 20-F 2014 de Petrobras, página 64
[160] Estados Financieros Consolidados de Petrobras del 2014
[161] La principal diferencia entre las pérdidas contables registradas se deben a unos ajustes contables de valoración en libros de ciertos activos, los cuales no afectan los flujos de efectivos. Por lo tanto, en la opinión de este autor se tienen que ajustar dado que no son hecho recurrentes y no tienen impacto en la generación de flujos de caja de la empresa.

capital o CAPEX de $34,808 millones, financiando la diferencia con emisiones de bonos[162]. Al final del 2014, Petrobras tenía una deuda total de $132 mil millones y un patrimonio de $117 mil millones, lo que indica un ratio de deuda sobre patrimonio del 113%[163].

La compañía tenía 80,908 empleados al cierre del ejercicio del 2014, y tuvo ganancias ajustadas de $9,456 millones y flujos de efectivo por operaciones de $26,632 millones, lo que indica que generó $116,873 y $329,164 por cada empleado, en ganancias ajustadas y FEAO, respectivamente.

Indicadores de Upstream

En el 2014 Petrobras produjo 2,150MBPD de petróleo crudo y 2,060MMPCD[164] de gas natural para una producción total de hidrocarburos de 2,494MBPED[165]. Al final del mismo período, Petrobras tenía un total de 10,574 de pozos, lo que sumado a una producción de hidrocarburos de 2,494MBPED, indica una producción promedio por pozo de 236 barriles de petróleo equivalente en el 2014[166]. La empresa, en su segmento de Exploración y Producción, tuvo ventas consolidadas de $65,616 millones, ganancias netas de $14,133 millones, gastos de depreciación y amortización de $8,585 millones y una producción anual de hidrocarburos en el 2014 de 910 millones de BPE[167]. Esto indica que Petrobras obtuvo un precio promedio por sus hidrocarburos de $72.09 por barril, generó ganancias netas de $15.53 por barril y generó aproximadamente $24.96 en efectivo por barril.

Al cierre del ejercicio del 2014, Petrobras poseía reservas probadas de petróleo crudo de 11,118 millones de barriles, la gran mayoría localizadas en Brasil. En cuanto a reservas probadas de gas natural, la empresa tenía reservas probadas de 12,138MMMPC, lo que significa que sus reservas totales de hidrocarburos fueron de 13,141 millones de barriles de petróleo equivalente[168]. Es importante tener en cuenta que el uso de la metodología de la ANP (Agencia Nacional del Petróleo, ente regulador de energía de Brasil) y de la SPE, las reservas probadas totalizaron cerca de 16.6 mil

---

[162] Estados Financieros Consolidados de Petrobras 2014, Estados de Flujo de Efectivo
[163] Ibid, Balance General
[164] Producción de gas natural es lo volúmenes disponibles a la venta, excluyendo el gas incinerado, reinyectado o usado en las operaciones de Petrobras. Fuente, página 81 reporte 20-F
[165] Total producción basada en el reporte 20-F y no en el reporte de la Administración, el cual en su página 4 indica una mayor producción de gas natural.
[166] Reporte 20-F 2014 de Petrobras, páginas 81 y 84
[167] Reporte 20-F 2014 de Petrobras, Estados Financieros de segmento y la página 81
[168] Ibid, página 82

millones de BPE[169], una diferencia de 3 mil millones de la metodología prescrita por la SEC. Utilizando la metodología SEC, Petrobras logró un índice de reemplazo de reservas probadas del 100% sobre el año 2013.

Con una capitalización de mercado al cierre del 2014 de $48,165 millones y 13.1 mil millones de BPE en reservas probadas, el indicador de capitalización bursátil dividido por reservas fue de $3.67 por barril a finales de ese mismo año.

Indicadores de Downstream

Petrobras, en el 2014, tuvo volúmenes de hidrocarburos procesados en su sistema de refinación de 2,106MBPD y una capacidad de destilación de 2,176MPD[170], indicando un porcentaje de utilización de 97%. En el mismo período la empresa generó ventas de productos por la cantidad de 2,458MBPD, siendo el mayor suplidor de productos refinados en Brasil. En términos de productos para el transporte, las ventas de gasolina fueron de 494MBPD, diésel o gasóleo 853MBPD y combustible de aviación de 105MBPD, indicado que el 69% de los volúmenes de hidrocarburos procesados en sus refinerías terminan como esos productos.

Petrobras posee sustancialmente la totalidad de la capacidad de refinación en Brasil, la cual está muy por debajo de los niveles requeridos para satisfacer la creciente demanda interna de combustibles para el transporte, y como tal, Petrobras tiene que importar tanto petróleo crudo como productos refinados para abastecer su mercado interno[171]. En el 2014, Petrobras tuvo que importar 392MBPD de petróleo crudo y 413MBPD de productos refinados para satisfacer esa creciente demanda de combustibles a medida que la economía de Brasil crezca[172].

El segmento de Downstream de Petrobras registró unas *pérdidas netas ajustadas*[173] de $3,730 millones en 2014, debido principalmente a que los precios del mercado brasileño de hidrocarburos están rezagados del mercado internacional y a unas pérdidas contables que Petrobras tuvo que reconocer en el 2014[174].

---

[169] Petrobras: 2014 Report to the Administration, página 4
[170] Reporte 20-F 2014 de Petrobras, página 34
[171] Petrobras: 2014 Report to the Administration, página 24
[172] Ibid, página 9
[173] Ibid, página 24. En el 2014 las operaciones de Petrobras tuvieron unos ajustes contables de R$30,976 millones.
[174] Reporte 20-F 2014 de Petrobras, página 97

Capítulo 8 - Repsol (REP, REPYY)

www.repsol.com

Información General de la Empresa

La historia de Repsol se remonta al año 1927, cuando fue creada la Compañía Arrendataria del Monopolio de Petróleos S.A. o CAMPSA[175] en España. En 1987 nace el Grupo Repsol, y dos años más tarde comienza su proceso de privatización[176], el cual fue concluido en 1989.

En Diciembre de 2014, Repsol acordó la compra del 100% de la compañía canadiense Talisman Energy por un valor aproximado de $8,300 millones más los balances de deuda de esa empresa[177]. Esta transacción aumentó la capacidad de producción de hidrocarburos de Repsol de 354MBPED a 680MBPED y las reservas probadas a más de 2,300 millones de barril de petróleo equivalente[178].

Repsol tiene 3 segmentos operativos, los cuales son Upstream, Downstream y Unión Fenosa:

- **Upstream**, responsable de las operaciones globales de exploración y producción de hidrocarburos en Europa, Rusia, Australia, las Américas y África.
- **Downstream**, responsable de las operaciones de refinación en España y Perú, como también más de 4,600 estaciones servicio en España, Portugal, Perú e Italia[179], y operaciones en petroquímica, GLP, y energías renovables.
- **Gas Natural Fenosa**, Repsol posee una participación de 30% en Gas Natural Fenosa, la cual es una empresa que distribuye y comercializa gas natural y electricidad[180].

Repsol es una empresa integrada de energía que participa en las áreas de upstream, downstream, generación eléctrica, trading y petroquímicos. Repsol, al finales de 2014, tenía más de 24,000 empleados y tiene su sede en Madrid, España.

---

[175] http://www.repsol.com/es_es/corporacion/conocer-repsol/perspectiva_historica/
[176] Ibid
[177] http://www.repsol.com/imagenes/es_en/Repsol_Talisman_ing_tcm11-699638.pdf
[178] Ibid
[179] http://www.repsol.com/es_es/corporacion/conocer-repsol/nuestra-actividad/downstream/default.aspx
[180] Consolidated management report, página 10

Información de Upstream

Repsol es una de las empresas más grandes de producción de hidrocarburos en el mundo, con reservas probadas de 1,539 millones de BPE, de las cuales 441 millones o 29% son de petróleo y líquidos y el restante son de gas natural, el equivalente a 6,164,800 millones de pies cúbicos[181]. De estas reservas, un 42% son denominadas reservas probadas *desarrolladas*. Repsol alcanzó una tasa de reemplazo de reservas o RR de 118% en el 2014[182]. Con una capitalización de mercado de $25,523 millones al cierre del 2014 y unas reservas probadas totales de 1,538.8 millones de BPE, el valor de mercado dividido por las reservas probadas fue de $16.59 por barril.

La empresa, previo a su adquisición de Talisman Energy, tuvo en el 2014 una producción neta de hidrocarburos de 355MBPED y un total de 3,158 pozos productivos netos, indicando una producción promedio por pozo de 112 BPED.

En el 2014, el segmento Upstream de Repsol tuvo ventas de $5,208 millones, ganancias netas de $716 millones, gastos de depreciación y amortización en este segmento de $1,273 millones, capital empleado de $18,916 millones. Con estos datos y una producción anual de hidrocarburos de 129 millones de barriles de petróleo equivalente, Repsol obtuvo un precio promedio por barril de $40.24, ganancias netas por barril de $5.54, efectivo por barril de $15.38 y obtuvo un RCE en su segmento de Upstream de 3.8% en el 2014[183].

Operaciones de Upstream en el Mundo

Repsol tiene operaciones de upstream en Europa, Trinidad y Tobago, Brasil, Venezuela, EE.UU., Perú y otros países. Los diez más importantes proyectos de Repsol en Upstream se presentan a continuación[184]:

- **Mid-Continent** en Estados Unidos, tuvo una producción promedio de 101MBPD en el 2014 y Repsol tiene una participación de 10%.
- **Cardón IV** en Venezuela, el cual comenzará en 2015, alcanzará una producción pico de 1,200MMPCD de gas natural y la empresa tiene una participación de 50%.

---

[181] Repsol Operating Highlights 2014, tabla 17
[182] Informe de Gestión Consolidado 2014, Repsol S.A., página 11
[183] Repsol Operating Highlights 2014, diferentes tablas
[184] http://www.repsol.com/es_es/corporacion/conocer-repsol/nuestra-actividad/upstream/proyectos-clave/

- **Carabobo** en Venezuela, tuvo una producción de 7.5MBPD, alcanzó una producción de 16MBPD en Abril del 2015 y la participación es de 11%.
- **Kinteroni** en Perú alcanzó una producción mensual de 20.5MBPED y Repsol tiene una participación de 53.8%.
- **Margarita-Huacaya** en Bolivia tuvo una producción de 574MMPCD de gas natural en el 2014 y la empresa tiene 37.5%.
- **Sapinhoa** (Guará) en Brasil tuvo una producción de 93MBPD en 2014 y la empresa tiene un 15%.
- **Laba**, también en Brasil, tendrá una producción de 64MBPD en 2017 y Repsol tiene una participación de 15%.
- **Lubina-Montanazo** en España tuvo una producción en 2014 de 4.6MBPED y Repsol posee una participación mixta de 100%/75%.
- **Reggane** en Algeria, producirá 270MMPCD de gas natural en 2017 y la empresa posee un interés de 29.25%.
- **AROG** en Rusia, produjo 84MMPCD de gas natural en 2014 y Repsol tiene una participación de 49%.

La siguiente tabla de un informe de Repsol[185] presenta la producción anual de diferentes regiones donde Repsol tiene operaciones de exploración y producción:

Región o País	Líquidos (Mbbl)	Gas Natural (bcf)	Total Mbep	Pozos productivos por región	Reservas Probadas de Hidrocarburos Líquidos (MMBbl)	Reservas Probadas de Gas Natural (MMMPC)
Europa	2	1	2	10	3	-
Brasil	6	3	6	21	-	-
Perú	4	53	14	27	85	1,553
Trinidad y Tobago	4	244	49	156	28	1,611
Venezuela	5	48	13	394	42	2,259
Resto de países de América del Sur	8	64	19	714	103	489
América del Norte	10	14	13	1,128	46	83
África	6	11	7	321	105	113
Asia	4	14	6	387	30	55
Oceanía	-	-	-	-	-	-
Total	49	452	129	3,158	442	6,163

---

[185] Informe de Gestión Consolidado 2014, Repsol S.A., página 41

Información de Downstream

Repsol posee 6 refinerías y más de 4,500 estaciones de servicio en varios países. En el 2014 Repsol procesó el equivalente de 39.5 millones de toneladas métricas de petróleo, teniendo ventas de productos refinados de 43.6 millones de toneladas en el mismo período.

Refinerías

Repsol posee una capacidad bruta de refinación de 998MBPD[186], con cinco refinerías en España y una en Perú:

- **Petronor**, localizada en Vizcaya, España, posee una capacidad de refinación de 220MBPD[187] y ocupa una extensión de terreno de más de 200 hectáreas[188]. Petronor cuenta con un esquema de conversión con un convertidor catalítico (FCC), producción de reformado, y un hydrocracker. Además cuenta con tanques de almacenamiento de petróleo crudo, productos intermedios y productos terminados como el diésel, gasolina, fuel oil y otros[189]. En esta refinería se producen productos tales como gasolina, fuel oil, diésel, querosén de aviación, GLP entre otros.
- **La Coruña**, localizada en A Coruña, España, cuenta con una capacidad de procesamiento de crudo de 120,000 barriles por día. La producción típica de La Coruña es de un 50% de destilados o gasóleos, 15% de gasolinas, naftas 6%, GLPs 5%, Fuel oil 5%, coque de petróleo 10% y otros productos siendo el restante[190].
- **Tarragona**, localizada en el área del mismo nombre, cuenta con una capacidad de procesamiento de crudo en torno a los 186MBPD, cuenta con instalaciones de refinación, petroquímica y GLP, comprende un área de más de 500 hectáreas y fue construida inicialmente en 1971 e inaugurada en 1975[191]. Esta refinería tiene una producción de derivados del petróleo tales como el queroseno de aviación (jet fuel), diésel, fuel oils y asfaltos, así como naftas, GLP, etileno, propileno y butanos[192].

---

[186] Fuente: Repsol 2014 Operating Highlights. Basado en capacidad de destilación de crudo.
[187] http://www.repsol.com/es_es/corporacion/conocer-repsol/nuestra-actividad/downstream/complejos-industriales/default.aspx
[188] http://petronor.eus/es/refineria/instalaciones/
[189] Ibíd.
[190] http://www.repsol.com/es_es/corporacion/complejos/a-coruna/conocenos/que-producimos/
[191] http://www.repsol.com/es_es/corporacion/complejos/tarragona/conoce-lo-que-hacemos/el-complejo/introduccion/default.aspx
[192] http://www.repsol.com/es_es/corporacion/complejos/tarragona/conoce-lo-que-hacemos/productos/produccion-complejo/

- **Puertollano**, posee una capacidad de procesamiento de crudo de 150MBPD y está localizada en Ciudad Real, España y ocupa más de 430 hectáreas. Este complejo posee instalaciones de refinación, petroquímica, lubricantes, asfaltos y GLP y es considera la refinería más compleja de España, tanto por la variedad de sus productos, como por la integración de sus unidades[193]. Esta refinería produce una variedad de productos, tales como gasolinas, naftas, keroseno de aviación, diéseles, GLPs, fuelóleos, asfaltos. Este complejo produce productos petroquímicos como polietilenos de baja densidad (PEBD), copolímeros de etileno y acetato de vinilo (EVA), polietilenos de alta densidad (PEAD), butadieno, poliolefinas y polipropileno, entre otros[194]. Este complejo también cuenta con una planta de fabricación de lubricantes, los cuales son usados para la lubricación de vehículos, maquinas industriales y aceites marinos.
- **Cartagena**, localizada en Murcia, España, posee una capacidad de procesamiento de crudo de 220MBPD. Este complejo industrial produce diésel, GLP, gasolinas, naftas, queroseno de aviación, azufre sólido, coque de petróleo, aceites bases para lubricantes y asfaltos[195]. Esta refinería cuenta con un terminal marítimo, unidades de almacenamiento, destilación al vacío y atmosférica, planta de desulfuración y plantas de lubricantes.
- **La Pampilla**, con una capacidad de 102MBPD, Repsol es operador y posee el 51.03% de esta refinería localizada en la provincia del Callao en Perú[196]. Esta refinería representa más de la mitad del volumen total de refinación en Perú, y se abastece principalmente con crudos importados, especialmente de Ecuador, Venezuela, Colombia y Nigeria[197]. La Pampilla fue adquirida por Repsol en 1996, y las ventas de esta planta suponen una cuota de mercado alrededor del 50% del mercado peruano de hidrocarburos, supliendo productos tales como diésel, gasolinas, GLP, asfaltos y otros productos.

---

[193] http://www.repsol.com/es_es/corporacion/complejos/puertollano/conoce_lo_que_hacemos/el_complejo/instalaciones/refino/
[194] http://www.repsol.com/es_es/corporacion/complejos/puertollano/conoce_lo_que_hacemos/el_complejo/instalaciones/quimica/
[195] http://www.repsol.com/es_es/corporacion/complejos/cartagena/conocenos/que-producimos/
[196] http://www.repsol.com/pe_es/corporacion/complejos/refineria-la-pampilla/conoce_refineria_pampilla/presentacion/default.aspx
[197] Ibíd.

En 2014 Repsol obtuvo una utilización de su capacidad de refinación de casi 81% en España.

Marketing

Repsol posee más de 4,600 unidades de servicio en los siguientes países, además de comercializar Gas Licuado de Petróleo (GLP)[198]:

- **España**, 3,585 puntos de venta, siendo el 71% operado por terceros y el restante siendo operados por Repsol. La empresa es el primer distribuidor de GLP en España con unas 215 agencias distribuidoras y contando con más de 6 millones de clientes[199].
- **Portugal**, la compañía cuenta con 440 estaciones, siendo Repsol una de las diez compañías más grandes en ese país en términos de facturación y siendo la segunda mayor cadena de estaciones en Portugal. Repsol alcanzó ventas de 131,000 toneladas de GLP en 2014, posicionando a la empresa como el tercer operador[200].
- **Perú**, cuenta con 374 estaciones de servicio en ese país.
- **Italia**, Repsol cuenta con de 250 estaciones de servicio, 87 de ellas operadas por la compañía y las otras 163 operadas por terceros.

En 2014, la compañía tuvo ventas de productos derivados de petróleo de aproximadamente 43,586 millones de toneladas métricas, el equivalente a 853MBPD, de las cuales un casi 90% fueron en Europa. Los productos ligeros, tales como el diésel, gasolina y querosenes de aviación, constituyeron 619MBPD en 2014.

Petroquímica y Otros Negocios de Downstream

La producción de productos petroquímicos en Repsol se concentra en tres complejos petroquímicos, situados en Puertollano, Tarragona (España) y Sines (Portugal)[201].

Repsol en el 2014 tuvo ventas de petroquímicos de 2.7 millones de toneladas métricas, de los cuales 2.2 millones procedieron de Europa y el resto de otros países. Repsol produce y distribuye los siguientes productos petroquímicos:

---

[198] http://www.repsol.com/es_es/corporacion/conocer-repsol/nuestra-actividad/downstream/marketing/
[199] http://www.repsol.com/es_es/corporacion/conocer-repsol/repsol-en-el-mundo/espana.aspx
[200] http://www.repsol.com/es_es/corporacion/conocer-repsol/repsol-en-el-mundo/portugal.aspx
[201]

Producto Petroquímico	Capacidad en miles de toneladas métricas
Etileno	1,362
Propileno	904
Butadieno	202
Benceno	290
Metil ter-butil éter / Etil terc butil éter	50
Poliolefinas – Polietileno	883
Poliolefinas – Poliproileno	520
Óxido de propileno, polioles, glicoles y estireno monómero	937
Acrilonitrilo / Metil metacrilato	-
Caucho	115
Otros, incluyendo especialidades petroquímica	36
Total	5,299

Indicadores Generales de la Empresa

Repsol tenía 1,350 millones de acciones en circulación y al fin del 2014 el precio por acción de Repsol fue de €15.545 o $18.91[202], lo que indica una capitalización bursátil de $25,523 millones. En el 2014 Repsol pagó dividendos de €1.96 por acción, indicado una rentabilidad por dividendo 12.6%

En el 2014, Repsol tuvo unas ventas consolidadas de $57,516 millones[203], tuvo un EBITDA de $5,186 millones, gastos de depreciación y amortización de $2,184 millones, ganancias netas de $1,961 millones y ganancias ajustadas de $2,076 millones[204]. Al cierre del 2014, Repsol tenía activos de $63,107 millones y un patrimonio total de $34,241 millones. Con un capital promedio de $50,969 millones, ganancias RCE de $2,301 millones, Repsol alcanzó un indicador RCE del 4.2%, mientras que la RECE fue de del 8.8% en el 2014[205].

Repsol tenía una deuda total de $13,957 millones, cerrando el 2014 con un ratio de deuda sobre patrimonio o RDP de 41%. En el mismo período, Repsol generó flujos de efectivo de actividades de operación o FEAO de $3,871 millones, mientras que sus gastos de capital fueron de $5,108 millones.

Repsol, al final del 2014, tenía una plantilla de 24,289 empleados, ganancias netas ajustadas de $2,076 millones, flujos de efectivo operativos de $3,871 millones, indicando que las ganancias netas ajustadas y flujos de efectivos operativos *por empleado* fueron de $85,460 y $159,379, respectivamente.

---

[202] El tipo de cambio del Euro al Dólar usado en este capítulo es de $1.2162 por euro, el cual fue el cambio vigente al 31 de Diciembre de 2014.
[203] Fuente: Repsol Income Statement 2014, Operating Revenues de €47,292 millones.
[204] Informe de Gestión Consolidado 2014, Repsol S.A.
[205] Ibid

Índice Temático

Densidad, 23
  Equación, 22
Downstream
  Comercialización, 98
  Definición, 20
  Negocio Cíclico, 112
  Otros Negocios, 99
  Petroquímica, 98
  Refinación, 96
Empresas
  Independientes de Exploración y Producción, 37
  Independientes de Refinación, 37
  Midstream, 38
  Petroleras Integradas, 37
  Petroleras Nacionales (EPN), 36
  Servicios Petroleros, 38
Gas Natural
  Comercialización, 31
  Definición, 29
  Producción Mundial, 43
  Unidades de Medición, 40
  Usos del, 33
Midstream
  Definición, 20
PDVSA
  Introducción, 125
PEMEX
  Refinerías, 120
Petróleo
  Barril de Petróleo Equivalente, 40
  Unidades de Medición, 39
  usos del, 27
Petróleo Crudo

Cadena de Valor, 24
Comercialización, 25
Composición de, 21
Densidad, 21
Petróleo Pesado
  Tipos, 24
Refinerías
  Abreu e Lima, 137
  Alberto Pasqualini, 137
  Cadereyta, 120
  Capuava, 137
  Cartagena, 145
  Centro de Refinación Paraguaná, 129
  Chalmette Refining LLC, 130
  Corpus Christi, 129
  Deer Park, 120
  Duque de Caxias, 136
  El Palito, 129
  Gabriel Passos, 137
  Henrique Lage, 136
  Hovensa, 130
  Isaac Sabbá, 137
  La Coruña, 144
  La Pampilla, 145
  Lake Charles, 130
  Landulpho Alves, 136
  Lemont, 130
  LUBNOR, 138
  Madero, 120
  Merey Sweeny LP, 130
  Minatitlán, 120
  NSS, 138
  Pasadena Refining System, 138
  Paulínia, 136
  Petronor, 144
  Potiguar Clara Camarao, 137

Presidente Bernardes, 137
Presidente Getúlio Vargas, 136
Puerto La Cruz, 129
Puertollano, 145
Refidomsa, 131
Refinería Isla, 131
Refinería Petrojam Limited Jamaica, 131

Ricardo Elicabe, 138
Salamanca, 120
Salina Cruz, 120
Tula, 120
Upstream
   Definición, 20

Glosario

Barril/BBL: unidad de *volumen* equivalente a 42 galones o 159 litros. El barril es usado tradicionalmente en la industria petrolera para la medición de petróleo y otros hidrocarburos líquidos.

Barril de Petróleo Equivalente (BPE): unidad de volumen la cual mide la producción o flujo de petróleo y gas natural. El gas natural es convertido de pies cúbicos a barriles usando una conversión de 6MCF por un 1 barril.

BTU: British Thermal Unit. Un BTU equivale a la energía requerida para calentar una libra (454ml) de agua por un grado Fahrenheit. Un BTU también se puede definir como la cantidad de energía emitida al encender un cerillo de madera.

Condensados: Fase de hidrocarburo líquido de alta gravedad API y baja densidad, que existe por lo general en asociación con el gas natural. Su presencia como una fase líquida depende de las condiciones de temperatura y presión existentes en el yacimiento, que permiten la condensación del líquido a partir del vapor. La producción de los yacimientos de condensado puede verse complicada debido a la sensibilidad de algunos condensados en términos de presión[206].

Downstream: Se refiere a las actividades en la industria petrolera aguas abajo, tales como refinación, transporte, comercialización y venta de productos derivados del petróleo tales como la gasolina, diésel y otros productos. También incluye sectores tales como la petroquímica.

EBITDA: En inglés *Earnings Before Interest, Taxes, Depreciation and Amortization*. El EBITDA es un indicador financiero ampliamente usado en la evaluación económica ya que demuestra la capacidad de una empresa o activo en generar flujos de efectivos antes del pago de impuestos sobre la renta y gastos de interés.

Gas natural: es un hidrocarburo, principalmente, metano, el cual se encuentra principalmente en estado gaseoso. El gas natural puede provenir de tanto pozos dedicados *sólo* a gas natural, como también puede ser producido junto con el petróleo.

---

[206] http://www.glossary.oilfield.slb.com/es/Terms/c/condensate.aspx

Gas natural asociado: es gas natural que se encuentra en contacto o disuelto con el petróleo en el yacimiento.

Gas Natural Licuado o GNL: gas natural, principalmente gas metano y etano, el cual ha sido refrigerado a una temperatura de 260 grados Fahrenheit o 162 grados Celsius *bajo cero*, lo cual convierte estos hidrocarburos de su fase gaseosa a líquida. El gas natural, al ser refrigerado a estas temperaturas ocupa mucho menos volumen, el equivalente a reducir el volumen a 1/600 de su volumen original, ocupando menos espacio y siendo más fácil para transportar en barcos refrigerados alrededor del mundo. Una vez que este GNL llega a su destino, es regasificado de nuevo.

Gas Licuado de Petróleo o GLP: el GLP está compuesto principalmente por gas propano y butano, los cuales son convertidos a líquido al aumentar la presión en los contenedores donde es transportado. El GLP es un combustible ampliamente usado en el mundo principalmente como combustible para estufas y calefacción.

Líquidos del Gas Natural o LGN: los LGN son hidrocarburos que se encuentran en condiciones atmosféricas en estado *gaseoso*, pero pueden convertirse en líquidos al reducir la temperatura o incrementar la presión. El etano, propano, iso-butano, butano normal y pentanos son categorizados en conjunto como LGN.

Metro cúbico: unidad de medición de volumen, usada en la medición del gas natural, gases y otros fluidos. Esta unidad del sistema métrico decimal es usada para medir y facturar volúmenes de gas natural a nivel residencial. Un metro cúbico es equivalente a 35 pies cúbicos.

MMBPED: unidad de medición de volúmenes de hidrocarburos, el cual mide en conjunto el petróleo, los líquidos del gas natural y el gas natural y su correspondiente volumen diario. Seis mil pies cúbicos tienen, en promedio, el mismo valor energético que un barril de petróleo, por lo tanto son convertidos a **barriles de petróleo equivalentes** o BPE.

MMPCD: unidad de medición de volúmenes de gas natural, que quiere decir *millones* de Pies Cúbicos Diarios. La MM representa el numeral romano para millón.

Petróleo crudo: mezcla de moléculas de hidrógeno y carbono que se encuentran, primordialmente, en estado líquido a condiciones atmosféricas. Las mezclas de hidrocarburos del petróleo tienen diferente propiedades, tales como puntos de ebullición como el número de moléculas de carbono e hidrógeno.

Pie cúbico: unidad de medición de volumen, usada en la medición del gas natural. Un pie cúbico es equivalente a 0.02832 o un 1/35 de metro cúbico.

Proceso Fischer-Tropsch: Uno de los métodos de conversión de gas natural hacia derivados de petróleo líquidos más usados. Este proceso convierte el gas sintético en valiosos derivados del petróleo tales como diésel con bajo contenido de azufre y otros combustibles.

Recuperación mejorada de Petróleo: Método para mejorar la recuperación de petróleo que usa técnicas sofisticadas que alteran las propiedades originales del petróleo. Clasificadas alguna vez como una tercera etapa de la recuperación de petróleo que se efectuaba después de la recuperación secundaria, las técnicas empleadas durante la recuperación de petróleo mejorada pueden realmente iniciarse en cualquier momento durante la vida productiva de un yacimiento de petróleo. Su propósito no es solamente restaurar la presión de la formación, sino también mejorar el desplazamiento del petróleo o el flujo de fluidos en el yacimiento[207].

---

[207] http://www.glossary.oilfield.slb.com/es/Terms/e/enhanced_oil_recovery.aspx

www.ingramcontent.com/pod-product-compliance
Lightning Source LLC
Chambersburg PA
CBHW020915180526
45163CB00007B/2744